길 위의 수학자를 위한

무한
이야기

길 위의 수학자를 위한

무한
이야기

보통 사람들에게 수학을
복잡한 세상을 푸는
수학적 사고법

릴리언 R. 리버 글 | 휴 그레이 리버 그림
김소정 옮김

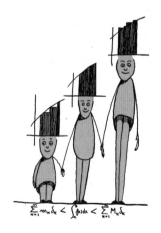

$$\sum_{k=1}^{n} m_k \delta_k < \int_a^b f(x)dx < \sum_{k=1}^{n} M_k \delta_k$$

궁리
KungRee

사람의 본성 가운데
최고 중의 최고만을
대표하는
샘에게
애정을 듬뿍 담아
이 작은 책을 바칩니다.

샘은
삶의 편에서 파괴에 반대하고
사랑의 편에서 미움에 반대하고
앎의 편에서 무지에 반대하며
모든 사람이 서로 존중하기를 바라는
우리 자신의 일부입니다.

차례

물리 세계에서 무한을 생각하다!

물론
무한이라는 주제에 대해
모든 사람이 언제나
엄청나게 흥미를 느껴온 건
알고 있을 거야.
종교인도
시인도
철학자도
수학자도
당연히
보통 씨도
(거리에서 아주 유명한 남자지)
보통 씨의 아내
평범 씨도
(거리에서 아주 유명한 여자야)
그리고 아마 당신도
무한에 관심이 있을 거야.
그렇지 않았다면
이 책을 손에 들지 않았을 테니까.

무한을 그저
아주 큰 무언가라고
잘못 생각하는 사람들도 있어.

하지만 당연히
한 사람에게 '아주 큰' 것도
다른 사람에게는 상당히 작을 수 있어.
그리고
따로 배우지 않아서
2(또는 3)보다
더 큰 수를 표현하는 말을
모르는 사람도 있어.
이 사람들은 2나 3 뒤로는
그저 "많다"◆라고만 말해.
하나, 둘, 많다! 라는 거지.
이 사람들은 3을
무한이라고 생각할지도 몰라.

별이 무한개만큼 있다고
생각하는 사람도 있어.
하지만 천문학자들은
아무리 강력한 망원경을 사용해도
우리는 유한한 별만을
볼 수 있다고 해.
우리가 보는 별은 아주 많지만
무한하지는 않아.
유명한 영국 천문학자
아서 에딩턴 경은
'천상의 곱셈표'라는 걸
알려줬어.

◆ 이런 재미있는 이야기를 많이 읽고 싶다면 다음 책을 참고해. T. 단치히의 『과학의 언어』, E. 카스너와 J. R. 뉴먼의 『수학과 상상력』, G. 가모브의 『하나, 둘, 셋…… 무한』

100×1000×1,000,000개 별이
은하를 하나 만든다.
100×1000×1,000,000개 은하가
우주를 만든다고 말이야.♦♦

해변에 있는 모래알의 수가
무한하다고 생각하는
사람들도 있어.
하지만 모래를 조금 가져와서
그 안에 들어 있는 모래알을 세고
해변의 크기를 계산하면
해변에 있는
모든 모래알의 수를 알 수 있지.
정말로 **큰** 수가 나오겠지만
그 수도 **무한은 아니야**!
(10쪽 주석에 있는 책들을 참고해!)

이 정도 이야기에
벌써 지루해진 거 아니지?
조금만 더 참고
이런 예들을 더 찾아보면
아무리 큰 수라고 해도
무한은 없다는 걸
알게 될 거야!♦♦♦

♦♦   아서 에딩턴 경의 『팽창하는 우주』에 나오는 말이야.
♦♦♦   이 책을 조금 더 읽어보면 수학에는 다양한 무한이 있고 그 무한들이 '초한수'
라는 이름으로 불린다는 걸 알게 될 거야. 물론 초한수는 평범한 수가 아니야. 초한
수를 알려면 평범한 수하고는 전혀 다른 방식으로 생각할 수 있어야 해. 하지만 지금
당장은 그런 생각은 하지 말자고!

예를 들어서 다음 두 가지를
생각해보자.
아무리 매끄러워 보인다고 해도
물질이라면 무엇이든지 당연히
'분자'라고 하는
물질로 이루어져 있음은
알고 있을 거야.
분자는 '원자'라고 하는
물질로 이루어져 있고.
원자 속에는 '전자'라는
물질이 들어 있어.
이런 물질들이 있다는 사실은
'원자력 에너지'라는 과학 증거를
보면 알 수 있어.
원자를 쪼개보면
(이 과정을 흔히 원자 '분열'이라고 해)
이런 물질들이 나오거든.
화학자들은
(온도와 압력이 일정할 때)
기체 1cm³ 안에는 대략
27×1,000,000×1,000,000×1,000,000개의
분자가 있다고 해.
줄이면 이렇게 쓸 수 있어.

$$27 \times 10^{18\blacklozenge}$$

◆　10^{18}이라는 건 숫자 1뒤에 0이 18개 있다는 거야. 10^2이 1 뒤에 0이 두 개 있어서 100을 의미하는 것처럼.

그리고 전자는
분자보다 훨씬 작으니까
기체 1cm³ 안에 들어 있는
전자는
그보다 훨씬 많아.
믿을지는 모르겠지만,
이제 과학자들은
"전체 **우주**에 얼마나 많은 전자가 있을까?"
라는 아주 대담한 질문도 하고 있어.
우주는
지구와
태양과
태양계 전부와
별들로 이루어진 **은하**들을 구성하는
모든 별을 포함하고 있는데도 말이야!
정말로 엄청난 질문이니까
당연히 엄청난 답이 나올 수밖에 없다는 걸
인정할 수밖에 없겠지?
아,
앞에서 소개한 천문학자
아서 에딩턴 경이
우주에 있는 전자의 수를 계산해봤어.
그리고 전자의 수가
유한하다는 사실과
그 수가 도저히 '믿지 못할' 정도로
크지는 않다는 사실을
알아냈어!
에딩턴 경의 계산대로라면
이 우주에 전자는

$1.29×10^{87}$개

있어.
물론
아주 큰 수는 맞지만
그렇다고 해도
절대로
무한은 아니야!
사실 수학자들뿐 아니라
독자들도
이 수보다 **훨씬** 큰 수를 적을 수 있어.
아주 유명한 수인 '구골'만 해도 그래.
10^{100}을 나타내는 구골은
콜롬비아 대학교
아드리안수학교수였고 명예교수였던
아주 위대한 미국 수학자
에드워드 카스너(1878~1955)의
어린 조카가 발명했어.

구골 말고도 큰 수는
얼마든지 적을 수 있어.
10^{1000}, 10^{10000}……
여기서 **반드시** 알아야 할 게 있어.
이 세상에는 **아무리 커도**
무한을 나타내는 수는
없다는 거 말이야!

한 가지 흥미로운 사실이 있어.
화학을 조금이라도

아는 학생은

(온도와 압력이 일정할 때)

기체 1cm³ 안에는

분자가 27×10¹⁸개가 있다는

소리를 들어본 적이 있을 거야.

그런 학생은

우주 전체에 있는 전체 전자의 수인

1.29×10⁸⁷개가 그렇게까지

많은 건 아니라고 생각할지도 몰라.

그 학생이 그런 생각을 하는 이유는

지수가

얼마나 엄청난 **힘**을 가지고 있는지

모르기 때문이야.

1.29×10⁸⁷이 27×10¹⁸보다

어마어마하게 큰 수라는

'느낌'을 받을 수가 없는 거지.

교육을 어느 정도 받은 사람의 '직감'도

'틀릴 수가' 있어.

그러니까 어떤 방법으로 얻은 '직감'이든,

직감은 모두 검토하고

또 검토해야 해!

그러니까 전자의 수가 미심쩍은 사람은

(앞에서 소개한 책에 나오는)

에딩턴 경의 계산 방법을 검토해봐야지

입증할 수 없는

자기 '감'만

믿으면 안 되는 거야!

내가 말해주고 싶은 마지막 예는 이거야.

사람들이 지구를 평평하다고

믿은 적도 있다는 거 알고 있지?
그때 사람들은 지구가
유클리드 평면처럼
모든 방향으로 무한히 뻗어 있는지
아니면
가장자리나 경계가 있는지
그런 끝이 정말로 있다면 그곳에서는
무슨 일이 생기는지 궁금했어.
땅끝까지 가면 그 뒤에는
지옥으로 떨어지는 건 아닌가
걱정도 했고 말이야.
하지만 여러분은
저 두 가지 가운데 하나를
고르지 않아도 된다는 걸 알 거야.
왜냐하면
지구는 둥근 구라는 사실이
알려져 있으니까.
구인 지구는 '경계'가 없어.
그러니까
끝은 없지만 무한은 아닌 거야!

비슷한 문제는 또 있어.
3차원 공간을 한번 생각해봐!
3차원 공간이라면 당연히
모든 방향으로 뻗어나가는 건지
아니면
경계가 있는 건지 궁금해질 거야.
경계가 있다면
그 너머에는 무엇이 있는지도 궁금하겠지?

이 문제도 역시
지구 문제처럼
우리 우주는
끝은 없지만 무한은 아니라는
탁월한 과학 증거◆가 있어.

지금까지 살펴본 것처럼
물리 세계에 관한 한
무한이라고 할 수 있을 정도로
무한하게 큰 건
찾을 수 없었어.
(실제 우주 자체도 그렇고
우주에 들어 있는 전자도
무한은 아니야!)
무한하게 작은 것도
('무한소'라고 해)
마찬가지고.
오히려 모든 것은
아주 작지만 **유한한** 입자로
이루어져 있었어.
물질은
전자 같은 입자로
에너지는
'양자'라는 입자로
말이야.

◆　1950년에 프린스턴대학교에서 출간한 알베르트 아인슈타인의 『상대성의 의미
(The Meaning of Relativity)』를 참고해.

그렇다면
무한을 찾는 여정에서
사람의 정신은 끝내
이길 수가 없는 걸까?

아니, 천만의 말씀!

왜냐하면
종교를 믿는 사람들은
여전히
무한한 신을 믿고 있고
불멸도 믿으니까.
심지어 종교가 없는 사람들도
자신을 무한한 삶의
순환 고리의 일부라는 생각으로
무한에 대한 열망을
드러내는걸.
그리고 이 작은 책을
읽어나가는 동안
수학자들도
포기하지 **않고**
무한을 연구하고 있다는 걸
알게 될 거야.
수학자들은
수세기 동안
무한에 관심을 쏟았고
그 누구도 흉내 낼 수 없는 방법으로
무한을 발전시켜서
이제는

수학자와 철학자의
흥미를 채울 뿐 아니라
누구나 실용적으로 사용할 수 있는
아주 **막강한** 사고 무기로
만들어냈어!

02

수학 세계에서 무한을 생각하다!

그럼 이제
수학자들이 무한을 가지고
어떤 일들을 하고 있는지
들여다보자.

무엇보다도
수학자들은
'잠재적' 무한과 '실제' 무한을 구별한다는
사실을 알아야 해.
이제 곧 우리도 그렇게 될 거야.

먼저
'잠재적' 무한을 살펴보자.
잠재적 무한은
아주 기초적인 수학만
살펴봐도 알 수 있어.

(1) 평범한 산수나 대수만 봐도
　　잠재적 무한이 무엇인지
　　알 수 있어.
　　다음 분수 문제들의
　　답이 옳다는 건
　　당연히 알고 있을 거야.

$$\frac{12}{12}=1, \quad \frac{12}{6}=2, \quad \frac{12}{4}=3$$

$$\frac{12}{3}=4, \quad \frac{12}{2}=6, \quad \frac{12}{1}=12$$

$$\frac{12}{0.1}=120, \quad \frac{12}{0.01}=1200$$

$$\frac{12}{0.001}=12000 \cdots\cdots$$

모두 분자가
12인
분수야.
하지만 분모는
계속 줄어들지.
분모가
계속 줄어드니까
답은 점점 커져.

당연히
분모의 소수점을
계속해서 왼쪽으로 옮겨서
분모를
더 작게 만들 수 있어.
답이 **끝없이**
커져가는 동안
분모는
거의 0이 되어갈 거야.
따라서
이 문제의 해답은
무한에 가까워진다고 말해도 돼.
분모의 소수점이
계속해서

왼쪽으로 옮겨가도
분모는
절대로 0이 되지 않으니까
해답도
절대로 무한은 되지 않는다는 걸
쉽게 알 수 있을 거야.
그래서
이런 문제의 해답을
'실제' 무한이 **아니라**
'잠재적' 무한이라고 하는 거야.
이 '잠재적' 무한을 나타내는 기호는
∞이야.
물론 ∞은
어떤 정해진 수가 아니야.
수를 넘어서는 것,
'저 멀리'
떨어져 있는 게 바로 무한이야.
그러니까
$\frac{12}{0} = ∞$ 이라고 적을 때는
분모에
실제로 0을 적어도
분수를 나누어서
'제대로 된' 답을 구할 수는 없어.
∞은 수가 아니니까
실제 수를
가지고 해야 하는
산수나 대수라는
수학을
더는 할 수가 없거든.

결국 $\frac{12}{0}$ 는

규칙을 '어긴' 거라서

쓸 수가 없어.

더구나

∞이 가진 의미는

단 하나야.

가까이 가고 있지만 절대로 도달할 수 없다는

'잠재적' 무한이라는

의미 말이야.

어린 학생들은 이렇게 대답하기도 해.

"하지만 12 나누기 0은

12를 아무것도 아닌 걸로 나눈 거잖아요.

그러니까

12를 어떤 걸로도 나누지 않은 거니까

당연히

답은 12여야죠."

내가 이 학생들 이야기를 하는 이유는

오직 하나야.

수학의 언어는

영어 같은 다른 언어로

'바꾸기'가 쉽지 않아서

오해할 때가 많다는 걸

말해주고 싶기 때문이지.

말로 표현하면

원래 의미가

왜곡될 수 있기 때문에

이 어린 학생들처럼

혼동하기 쉬워.

수학에서

12 나누기 0이라는 건
"12를 어떤 것으로도 나누지 말라"
라는 **의미가 아니라**
12를 크기가 전혀 없을 정도로
아주 작은 수로
나누라는 뜻이야.
그러면
더는 수라고 생각할 수 없을 만큼
큰 수가 답으로 나오는데
우리는 그 수를 '잠재적 무한'이라고 말하고
∞으로 표시하는 거야.
당연히
분자가 12가 아니라
10이든 100이든 53이든
0만 **아니라면**
어떤 수가 되더라도
결과는 같아.
분자와 분모가 모두
0인 경우는
아주 특별하고도
실용적인 결과가 나온다는
사실이 밝혀졌어.
그러니까
대수나 산수의 기본 법칙을
다룰 때면
반드시
"0으로는 나눌 수 없다"라고
말할 수 있어야 해.
a 나누기 0은

(a가 0이 아닌 한)
평범한 산수와 대수의
'세계'에서는
'반칙'이니까.

아마도 아직은
이 ∞에
그다지 감동받지 못했을 수도 있어.
무한은 왠지
너무 커서 쓸 데도 없고
아주아주 불편하게 느껴질 수도 있어.
하지만
∞ 때문에
수학자가
그 어떤 실용적인 사람보다도 항상
앞서갈 수 있었다는 사실을
기억해야 해.
∞은 수의 크기에 제한을 두지 않기 때문에
그럴 수 있는 거야.
예산이 수백만 원, 수십억 원, 수조 원으로
계속해서 증가하거나
물리학자가
전체 우주에
얼마나 많은 전자가 있는지를
추정할 수 있을 만큼
큰 수가 필요한 때처럼,
셀 수도 없이 많은 순간에
수학자들은 엄청난 수를
가져올 수 있는 문을

활짝 열어놓고 있으며,
가끔은 ∞을
제시하기도 해.
물론
수학에서 무한 이야기는
이걸로 끝이 아니야.
무한을 가지고 '노는'
수학 이야기는
이제 시작일 뿐이야.
다음 같은 문제가 있다고 생각해봐.

(2) 이 문제는 아주 기초적인
    유클리드 기하학 문제야.
    직선은
    길이가 무한히 늘어나는
    선이야.
    직선 AB는

A ————————— B

양쪽 방향으로, 그러니까
오른쪽과 왼쪽으로
끝이 없이
뻗어나갈 거야.
그러니까 직선은
'잠재적' 무한의 또 다른 예인 거야.
또 한 가지 예를 들어볼게.
직선 AB에
속하지 않은

점 C에서
직선 AB 위에 있는
점 D나 점 E나 점 F나 점 G 같은
수많은 점을 지나는
수많은 직선을
왼쪽으로도
오른쪽으로도
얼마든지
그을 수 있어.

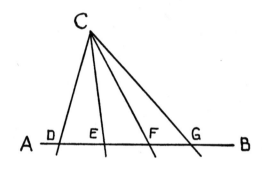

자,
C점과 직선 AB가
교차하는 직선이
계속해서
오른쪽으로 가면
무한에 가까워지는데
C점을 지나는 한 직선이
직선 AB와
무한에서
'만난다'라고 표현하는 건
(수학 용어로는 '무한원점'에서 만난다고 해)

두 직선이 만나지 않는다라거나
두 직선은 '평행이다'라고
하는 말과 같아.
그런데,
점 C를 지나면서
직선 AB를 지나는 직선이
계속해서 왼쪽으로 이동하게
그려나갈 때도
같은 일이 생겨.
다시 말해서
두 직선이 만나는 점이
계속해서 **왼쪽**으로 옮겨가서
결국에는 **왼쪽**에서
두 직선이 평행이 될 때까지
무한에 가까워지는 거지.
유클리드 기하학에서는
한 직선(AB) 위에 **있지 않은**
점(C)을 지나는
수많은 직선 가운데
주어진 직선(AB)과
평행한 직선은
오직 하나뿐
이라고 해.
점 C의 **오른쪽**으로
그은 선과
점 C의 **왼쪽**으로
그은 선은
모두 한 직선의 일부이며
동일한 직선이야.

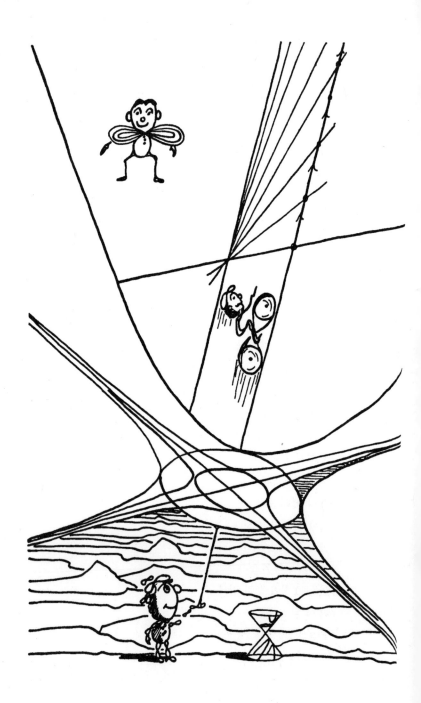

다음 그림처럼 말이야.

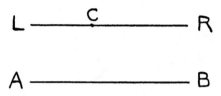

그러니까
직선 CR이 직선 AB에 평행하고
직선 CL이 직선 AB에 평행하다면
직선 LCR은 동일한 하나의 직선인 거야.
아주 간단한 사실이지.
하지만 한 가지
자세하게 들여다볼 내용이 있어.

직선 LR과 직선 AB가 평행이라면
두 직선은
오른쪽에서
'무한원점'과 '만나고'
왼쪽에서
'무한원점'과
만날 테니
직선 LCR과 직선 AB는
(둘 다 길게 늘어날 테니까)
둘 다 '무한원점'이 **두 개**씩
있는 것처럼 보일 거야.
하지만
유클리드 기하학에서는
두 직선이

만나는 점은
2개 이상일 수
없다고
분명히 말하는걸.
따라서
무한원점이라는 용어에
기하학에서 사용하는
'점'이라는
용어를 사용하려면
(사영기하학에서
그렇게 한다고
알려져 있는 것처럼)
두 직선이 만나는 점은
두 개 이상이
될 수 없다고 하는
기존 수학 규칙(기본 전제)을
깨부수어야 할지도 몰라.
이런 난감한 상황에서는
어떻게 해야 할까?
'무한원점'은
버려버리고
사영기하학의 모든 좋은 장점도
포기해버려야 하는 걸까?
아니면 충분히
용기를 발휘해서
오른쪽에 있는
'무한원점'**과**
왼쪽에 있는
'무한원점'이

사실은
동일한 하나의 점
이라고 생각하는
수학자들과
의견을 같이 하는 것이 좋을까?

왠지 너무 **기이하다거나**
비현실적이라거나
사실은 조금 멍청하다는
생각이 들지도 모르겠어.
물론
정말로 괴상하기는 해.
하지만 비현실적이지는 **않아**.
왜냐하면
앞에서 말한 것처럼
그런 생각이 아주 유용한
새로운 수학을
만들어냈거든.
사영기하학 말이야!

이 이야기는
수학에서 다루는
무한에 관한 이야기의
시작일 뿐이지만
사영기하학을 아는 수학자는
'**실용적인**' 사람보다
두 가지 점에서
이미 앞서 있어.

한 가지는
'실용적인' 사람이
헤어나오지 못하는
양적 욕구를 무엇이든지
처리할 준비가 된
풍요로움을
가지고 있다는 거지.

다른 한 가지는
기이함을
두려워하지 않기 때문에
'실용적인' 사람이라면
감히 꿈도 꾸지 못할,
그러면서도
막상 손에 넣게 되면
기꺼이 즐겁게 사용할
새로운 사고 도구를
개발할 수 있다는 거야.

기이함에 관해 한마디만 할게.
사영기하학을 다루는
수학자는 기이함 속에서
편안함을 느껴.
그가 요구하는 것은
단 하나,
'모순이 없을 것'뿐이야.
한 가지 기본 규칙과
그 규칙에 모순되는
또 다른 규칙을 동시에

가질 수는 없는 거야.
이 요구가 아주 합리적이라는 사실은
누구나 인정할 수밖에 없을 거야.
어떤 게임이든
서로 모순인
규칙이 동시에 존재한다면
심판이 아주 곤란하지 않겠어?
정말 어찌할 바를 모를 거야.

따라서,
모순만 없다면
용감한 수학자는
기이함 속에서 **앞으로** 나가지만
상상력이 부족한
'실용적인' 사람은
처음에는 주저하다가
결국에는 기꺼이
그 아름다운 생각을 받아들이게 돼.
그러고는 자기가 뭐라도 되는 냥
으스대는 거야!
무엇보다도 나쁜 건
그런 사람은 '고맙다'는 말도
하는 법이 없다는 거지.
사실 그보다 훨씬 더 끔찍하게
반응하지만 말이야.◆
예를 들어서

◆ 많은 위대한 수학자들의 인간적인 면을 알고 싶다면 E. T. 벨이 쓴 『수학하는 사람들(Men of Mathematics)』을 읽어봐.

'실용적인' 사람들이
경이로운 원자력 에너지를
남용해
우리를 모두 파괴하지 않는다면
우린 정말 운이 좋은 거야.

그런데
과연 그런 사람들에게
'실용적'이라는
용어를 사용해도 될까?
아름다운 생각을
마구 남용해서
결국 다른 사람에게 **해를 끼치는** 사람이
정말로 '실용적'인 걸까?
이런 파괴자들이야말로
가장 **비실용적인** 사람들 아닐까?

03

'잠재적' 무한에 관한 더 많은 이야기들

중심이 A인
원이 밑면이고
축이 높이 AB이며
(원의 중심인 A와
원뿔의 꼭짓점인 B를
잇는 선이 높이야)
축과 밑면이 수직인
원뿔이 있다고 생각해보자.
이런 원뿔은
직원뿔이라고 해.
(A점에서 축의 각도가 '직각'이고,
밑면과 높이 AB는 수직이고
밑면은 원이기 때문에
직원뿔이라고 하는 거야)
이런 원뿔은
다양한 방법으로
잘라낼 수 있어.

(1) 먼저 축 AB를 따라
 밑면과 나란하게
 원뿔을 잘라내보자.
 이때 자른 단면은 모두
 원일 거야.

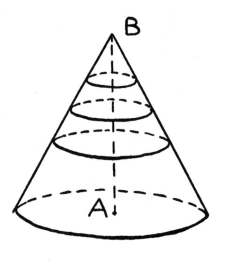

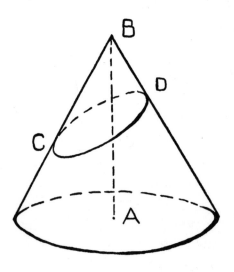

38쪽 위 그림에서 보듯이
꼭짓점 B에 가까울수록
면적이 줄어드는
다양한 원을
잘라낼 수 있어.
(물론
점 B를
잘라낸다면
그 원은
한 점이거나
지름이 0인 원일 거야.
그런 원을
'퇴화한 원'이라고 해.
물론
나쁜 의미는
아니야!)

(2) 38쪽 아래 그림처럼
    원뿔을
    축에 약간 비스듬하게
    잘라낼 수도 있어.

그렇게 자른 단면 CD는
타원이야.
타원을
원뿔에서 분리해보면
다음처럼 생겼어.

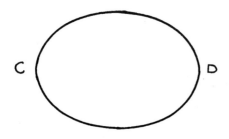

당연히
원뿔을 잘라서 만들 수 있는
타원은 꼭짓점에
가까울수록
상당히 길어지고 좁아져.
이렇게 말이야.

(축 AB의 여러 점을
통과하는 타원을
만들 수 있는데
타원은 꼭짓점 B에
가까이 갈수록
점점 작아져서
마침내
점 B를 통과하게
자르면
'퇴화한' 타원이 되어버려)

아마 알지도 모르겠는데,
타원은
아주 중요한 곡선이야.
여러 곡선 가운데
행성이 항성 주위를 돌 때
그리는 궤도가 바로 타원이거든.✦
원뿔의 밑면을
(점 B의 위치는 그대로 두고)
무한에 가까워지도록
계속해서 밑으로
내린다고 생각해봐.
그러면 원뿔의 바닥은
이렇게 '열리게' 될 거야.

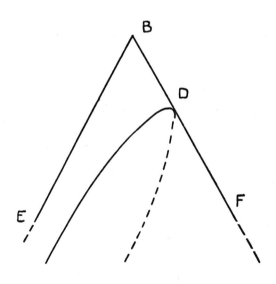

✦ 아인슈타인의 상대성이론에 따르면 행성의 공전궤도는 정확하게 타원은 아니야.
수성은 특히 그래. 더 자세한 내용은 내 책 『길 위의 수학자를 위한 상대성이론』을 참
고해!

41쪽 그림에서
원뿔에 점선을 표시한 건
직선 BE와 직선 BF를
원하는 만큼 길게
늘일 수 있다는 뜻이야.
자, 이제
이 무한원뿔을
직선 BE에 정확하게
평행인 단면으로
잘라보자.
이때,

(3) 직선 BF 위에 있는
    점 D에서 자른 '단면'이
    직선 BE와는
    (아무리 길게 늘인 경우라고 해도)
    전혀 만나지 않는다면
    이 단면은 더는
    '닫힌' 곡선이 아닌 거야.
    (즉 원이나 타원이 아닌 거야)
    이 단면을
    포물선이라고 하는데
    이 포물선을
    원뿔에서 분리해보면
    두 가지 형태 가운데
    하나로 보여.

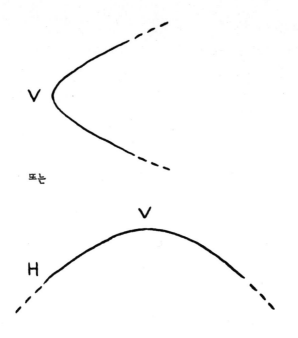

또는

이 포물선의
꼭짓점 V는
원뿔을 잡고 있는
방식에 따라
달라져.
그건 그렇고,
이미 알고 있는지도 모르지만
위 포물선은
점 H에서 어떤 각도로
쏘아올린(또는 던진)
발사체(또는 야구공)가
날아가는 경로를

보여주고 있어. ♦
마지막으로
양쪽 방향으로
무한히 뻗어가는
이중원뿔을 살펴보자.
45쪽 그림에 나오는 것처럼
서로 마주보는 원뿔 말이야.
그리고

(4) 이제 기울기를
더 크게 해서
원뿔을 잘라보자.
직선 BE와
평행은 아닌 상태로 자르는 거야.
직선 BF의 어딘가,
그러니까 점 D에서 자르고
직선 BG에서는
점 K에서 잘라보는 거지.
그러면 이제
두 부분으로 이루어진
단면이 생겨.
점 D에서 아래로 뻗어나가는 곡선과
점 K에서 위로 뻗어나가는 곡선이
생기는 거야.

♦ 공기의 저항이 없는 이상적인 조건에서는 발사체는 오직 포물선을 그리면서 날아가. 하지만 실제 현실에서는 완벽한 포물선 경로로 나가지는 않아. 그걸 연구하는 학문이 '탄도학'이야. 실제 발사체 연구는 앞에서 설명한 원뿔의 단면에 관한 수학에 영향을 미치지 않아.

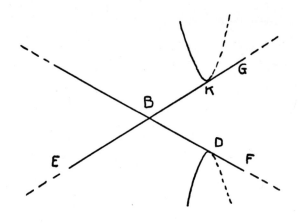

이 두 곡선을
합쳐서
쌍곡선이라고
불러.
쌍곡선은
포물선 두 개를
나란히 놓은 것처럼
보이지만
앞으로 알게 될 텐데
포물선과 쌍곡선은
정말로 **아주** 달라.**
(점 D와 점 K를 지나고
점 B에 아주 가까운
단면을 잘라나갈 수 있는데
점 B를 지나는 순간,

◆◆ 58쪽 첫 번째 각주를 참고해!

두 단면은 당연히
그저 교차하는
한 쌍의 직선이 되어버릴 거야.
이렇게 말이야.

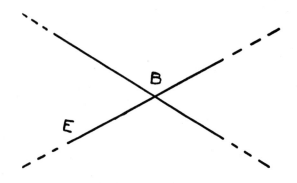

그러니까 '퇴화한' 쌍곡선이
되어버리는 거지)

처음부터
이중원뿔을 가지고
단면을 잘라왔다면
먼저 살펴본 세 단면인
원과 **타원**과 **포물선**은
원뿔의 위쪽으로
뻗어나가는 직선과는
아무 상관이 없다는 걸
쉽게 알 수 있었을 거야.
왜냐하면 직선 BE에 평행한
포물선을 만드는 단면은
위쪽 원뿔과는

만나지 않을 테니까.
이제는 평면으로
원뿔을
다양한 방법으로 자르면
'**원뿔곡선**'이라고 알려진
단면들이 나온다는 걸
알았을 거야.
이 단면들은
앞에서 살펴본 것처럼
원과
타원과
포물선과
쌍곡선과
몇 가지 '퇴화된' 곡선들이야.

아주, 아주 오래전인
기원전 몇 세기쯤에
그리스 사람들은◆
몇백 년이 흐르면
이 곡선들이
천문학이나 탄도학 같은 분야에서
아주 중요하게
쓰일 거라는
생각 따위는 하지도 않은 채
이 원뿔곡선들을
열심히 연구했어.

◆ 유명한 그리스 수학자 아폴로니오스의 업적을 찾아보는 게 좋겠어!

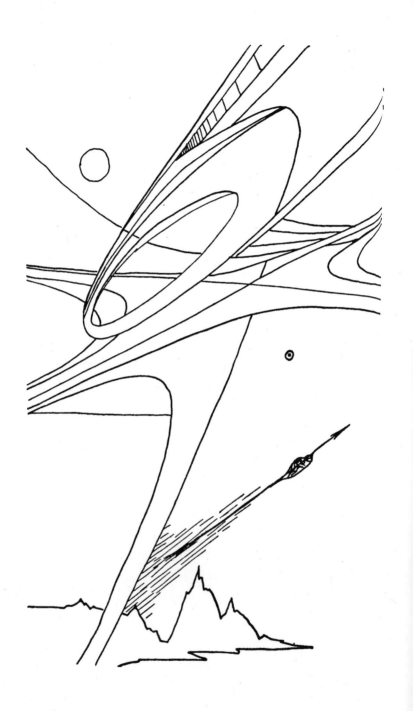

이것도 수학자의 호기심은
실제 쓰임새보다
훨씬 앞서 있으며
수학자의 생각은
실제로 필요한 때보다
훨씬 먼저 준비가 되어 있음을
보여주는 또 다른 예이지.
그러니까 수학자들에게
경의를 표해줘!

17세기 중반에는
위대한 프랑스 수학자
데카르트가
엄청난 열매를 맺게 될
아주 근사한 생각을 해냈어.
대수와 기하학을
한데 합쳐야겠다는
어마어마한
생각을 해낸 거야.
앞으로
무한 이야기를
계속하려면
유용하게 쓰일 테니까
아주 잠깐만
데카르트의
발견을 살펴보자.

'그래프'가 뭔지는
당연히 알지?

그래프를 그리는 방법
가운데 하나가
아래 그림에 나오는 것처럼
원점(0)을 기준으로
서로 수직으로
교차하는
X축과 Y축을
그리는 거야.

그래프 위에 있는 평면은
한 쌍의 수로 표현할 수 있는
점으로 가득 차 있어.
(3, 2)라는 점에서
처음 나오는 3은
X축을 따라 3만큼
가라는 뜻이고,

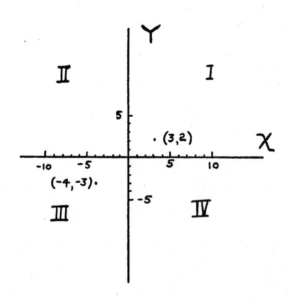

두 번째 2는

Y축을 따라 2만큼

가라는 뜻이야.

그렇게 이동하면

50쪽 그림에 나오는

점에 도착할 수 있어.

만약에 첫 번째 적은 수가

음수라면

이번에는 X축의 **왼쪽**으로 가야 해.

두 번째 수가 음수라면

Y축 **아래쪽**으로 가야 하고.

이 그림에 나오는

그래프의 두 축은

네 개의 '분면'을 만드는데,

각 분면은

시계 반대 방향의 순서로

이름을 붙였어.

따라서

(3, 2) 점은

제1사분면에 있고

(−4, −3) 점은

제3사분면에 있어.

그와 마찬가지로

(−1, 4) 점은 **제2사분면**에 있고

(5, −3) 점은 **제4사분면**에

있는 거야.

당연히

(5, 0) 점은 X축의 오른쪽 **위**에 있고

(0, 3) 점은 Y축 **위**에

(0, 0) 점은 **원점**에 있지.
이 간단한 도구만 있으면
미지수 x와 y로 이루어진
모든 대수방정식을
그래프 위에
나타낼 수 있어.

$$x+y=10 \qquad ①$$

이라는 방정식은
합이 10이 되는
모든 두 수를 나타내는
방정식이야.
예를 들어서
$x=7$, $y=3$일 수 있지.
이 점(7, 3)을
그래프 위에 그리면
53쪽 그림처럼
주어진 방정식을
만족하는 x값과 y값을
갖는 **한 쌍의** 수로
이루어진 점을
기하학적으로
나타낼 수 있어.
$x=4$, $y=6$
인 한 쌍의 수처럼
방정식을 만족시키는
값은 또 있어.

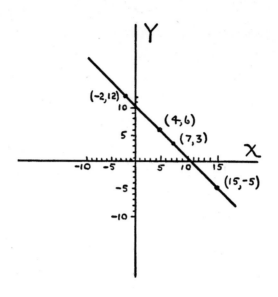

이런 점을 계속 찾으면
1번 방정식을 만족시키는
점은 모두 한 직선 위에
있음을 쉽게 알 수 있어.
다시 말해서
이 직선을 이루는 점은
모두 ①번 방정식을 **만족시키는** 해인 거야.
따라서
이 직선을 ①번 방정식의 해를 나타내는
'그래프'라고 해.
물론
이 직선은
원하는 대로 양방향으로
계속 늘릴 수 있어.
제2사분면과 제4사분면을 지나
계속 가는 거야.

①번 방정식의 해인
(−2, 12)와 (15, −5)를 지나
계속 가는 거지.

이제는
원뿔곡선은 모두
2차 방정식으로
나타낼 수 있음을 알아.
무슨 말이냐면
적어도 2차 항이 하나는 있고
2차보다 높은 항은 하나도 없는
방정식으로 나타낼 수 있다는 거야.♦
예를 들어서

$$x^2 + y^2 = 25 \qquad\qquad ②$$

라는 식으로
나타낼 수 있다는 거지.
②번 방정식은
반지름(r)이 5이고
중심이 원점인 원을 나타내.

다음 그림에서 보듯이
유명한 피타고라스의 정리에 의하면
원 위에 있는 점(x, y)은

♦ $5x^2$은 x의 지수가 2이기 때문에 2차 항이야(5는 항의 계수로 항의 차수하고는
상관이 없어). $7xy$는 x의 1차 항이고 y의 1차 항이라서 x와 y의 2차 항이라고 할
수 있어.

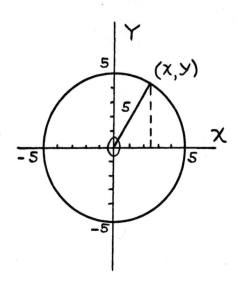

무엇이든지 ②번 방정식을
만족시키는 거야.
그와 마찬가지로

$$xy=9^{♦♦}\qquad\qquad ③$$

라는 식은 56쪽 그림처럼
그래프에서
쌍곡선으로 그려져.

③번 방정식을 '만족하는'
x와 y 값을 적은
표를 참고하면(57쪽)

♦♦　방정식이 2차 방정식인 이유는 54쪽 각주에 나와 있어.

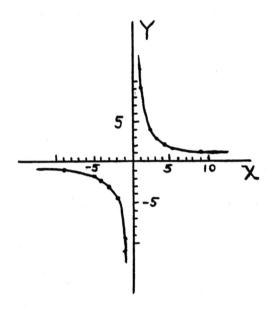

③번 방정식의 그래프는
쉽게 그릴 수 있어.

③번 방정식을 풀려면
그저 x 값을 정하고
그 x 값에 곱했을 때
9가 되는 y 값을 찾아
짝을 지으면 돼.
쉽게 알 수 있겠지만
다음에 나오는 표는
모두 곱했을 때
9가 되는 값들이야.
당연히 그런 x와 y 쌍은
아주, 아주 많아서 누구든지
원하는 만큼 찾을 수 있어.

x	y
1	9
2	9/2
3	3
4	9/4
5	9/5
9	1
−1	−9
−2	−9/2
−3	−3
−4	−9/4
−5	−9/5
−9	−1
.	.
.	.
.	.
.	.

③번 방정식을
만족하는
x와 y의 곱이
계속해서 9가 되려면
x의 값이 작을수록
y 값은 커져야 한다는
사실에 유의해야 해.
따라서 오른쪽에서
x축을 따라
원점에 가까워질수록
x 값은 작아지고
그와 반대로
y 값은 커지는 거야.

다시 말해서

x가 0에 가까워질수록

y는 ∞에 가까워져.

그렇기 때문에

이 곡선은 원점에 가까워질수록

y축에 아주 가깝게 다가가지만

y축을 넘어가지는 않아.

3장에서 살펴본 것처럼

이 곡선은 무한원점에서

y축과 만난다고 표현할 수도 있어.◆

그와 마찬가지로

x와 y를 곱한 값이 9를 유지한 채로

x 값을 계속 크게 하면

y 값은 계속 작아져서

x는 ∞에 가까워지고

y는 0에 가까워지지만

이 곡선은 x축과는 만나지 않아.

오른쪽 저 먼 곳에서

무한원점과 만나는 거야.

게다가 두 음수의 곱도

양수라는 걸

기억해야 해.◆◆

◆ 이건 곡선이 x축에 점근적으로 접근한다고 표현할 수도 있어. 아니면 y축이 곡선의 '점근선'이라고 할 수도 있고. 그러니까 한 쌍곡선은 점근선들 사이에 갇혀 있지만 점근선이 없는 포물선은 계속해서 넓게 퍼져서 쌍곡선과는 상당히 다른 모습이 되는 거야.(45쪽을 참고해)

◆◆ 음수의 곱이 양수가 되는 이유를 알고 싶다면 버코프와 맥클레인이 쓴 『현대 대수 개관(A Survey of Modern Algebra)』을 읽어보도록 해!

그러니까

$(-3)\times(-3)=9$인 거지.

56쪽 그림과 57쪽의 표를 보면

알 수 있듯이

제3사분면에서도

③번 방정식을 만족하는

점들이 있어서

③번 방정식을 나타내는 곡선은 **두 개**가 돼.

제3사분면에 있는 또 다른 곡선은

왼쪽으로 갈수록

점점 더 x축에 가까워져서

x가 $-\infty$이 되는

'무한원점'에서 x축과 '만나고'

y축에 가까이 갈수록

아래쪽으로는

y가 $-\infty$이 되는

'무한원점'에서 y축과

'만나게' 돼. (58쪽)

따라서 쌍곡선은

x축에서는

$+\infty$과 $-\infty$이라는

두 '무한원점'을 가지고 있는

것처럼 보여.

(y축도 마찬가지로

'무한원점'이 **두** 개인

것처럼 보이고)

하지만

33쪽에서 말했던 것처럼

이 두 무한원점은
사실 **동일한 하나의** 점으로
간주해야 해.
쌍곡선은 x축에
'무한원점'이 오직 **한 개** 있고
그와 마찬가지로
y축에도
'무한원점'이 오직 **한 개** 있어서
결과적으로
쌍곡선은
모두 합해서 '무한원점'이
오직 **두 개** 있거나
두 방향으로만
무한히 뻗어나가는 거야.

4장에서는
새로 탄생한
비유클리드 기하학 가운데 하나를
쌍곡선 기하학이라고
부르는 이유가
바로 이 때문임을
알게 될 거야.

피타고라스의 정리가
더는 성립하지 않고
(학교에서 배운 것과 달리)
삼각형의 내각의 합이
180°가 **아닐 수도** 있는 등,
여러 가지 이상한 일이 벌어지자

비유클리드 기하학이
있을 수도 있다는
생각을 하게 됐어.
그러니까 비유클리드 기하학은
사람의 마음이 수학에서 펼쳐낸
대담함을 보여주는
또 한 가지 예인 거지.
곧 알게 되겠지만
그저 공허한 객기를 부린 게 아니라
정말로 엄청나게
유용한 결과를 가져온
진짜 혁신인 거야!

·04·
비유클리드 기하학

29쪽에서는
유클리드 기하학의 기본 공리
가운데 하나를 소개했어.
바로
한 직선 위에 있지 않은
점을 지나고
그 직선과 **평행**인
직선은 **오직 하나**밖에
없다는 거 말이야.
유클리드는 공리란
'자명한 진리'라고
정의했어.
하지만
'평행선 공준'이라고 알려진
이 다섯 번째 공리가 그에게는
'자명한' 진리처럼 느껴지지 않았어.
그래서 나머지 공리를 가지고
다섯 번째 공리를
증명해내려고 노력했지.
하지만 그럴 수 **없었기에**
결국 그냥 다섯 번째 공리로
내버려두고 말았어.

유클리드 이후로 수백 년 동안

위대한 수학자들이

계속해서 나머지 공리를 이용해

평행선 공준을

증명해보려고 했지만

실패하고 말았어.

유클리드는 기원전 300년에

살았는데

1826년이 되어서야

평행선 공준을

증명할 수 없는

이유가 밝혀졌어.

마침내 유클리드의 다섯 번째 공리는

'자명한 진리'가 **아니라**

그저 **사람이 만든**

가정일 수도 있다는

생각을 하는

수학자들이 나타난 거지.

그 수학자들은 다섯 번째 공리가

그저 가정이라면 **바꿀 수도** 있다고 생각했어.

따라서

(러시아의) 로바체프스키

(헝가리의) 보여이

(독일의) 가우스

라는

세 수학자가

(1826년에

거의 비슷한 시기에

모두 독자적으로)

유클리드의 평행선 공준을
다른 식으로 읽으면
무슨 일이 생기는지
궁리하기 시작했어.
유클리드의 다른 공리들은
그대로 둔 채
'한 직선 위에 있지 않은
한 점을 지나고
주어진 직선에 **평행**한
직선을 **두 개**
그릴 수 있다'라고
생각할 수 있지 않을까 고민한 거야.
어쩌면 당신은
'그게 무슨 소리야?
어떻게 그렇게 그릴 수 있다는 거야?'
라며 세 사람의 생각이
정말 **터무니없다고** 생각할 수도 있어.

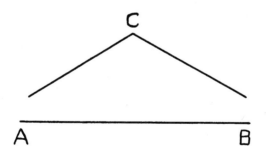

점 C를 지나는
두 선을 길게 이으면
결국 AB(를 길게 연장한) 직선의

어딘가에서 만날 테니까
결국 점 C를 지나는 **두 직선**은
직선 AB에 평행일 수 없다고
생각할 거야.
하지만 기하학은
그래프하고는
정말은 상관이 없다는 걸
알아야 해.
기하학은
(서로 모순되지 않는)
공리(가정)들을 가지고
논리를 이용해
정리(결론)를 이끌어내는
학문이야.
그래도 아직 불편하고
왠지 65쪽 그림 때문에
걱정이 된다고?
그렇다면 잠시만 기다려봐!

앞(64쪽)에서 말한
세 수학자는
(65쪽에서 말한 것처럼
유클리드의 다른 공리는 그대로 둔 채로)
아주 이상한
(한 직선 위에 있지 않은 점을
지나고 주어진 직선과
평행인 직선을
두 개 그릴 수 있다는)
새로운

평행선 공준을 가지고
새로운 기하학 **체계에서도**
전혀 모순이 되지 않는
그러면서도
아주 기묘한 정리를
이끌어냈어.
(예를 들어서
삼각형의 내각의 합은
180°보다 **작다**는 정리 같은 거 말이야.
학교에서 배운 것처럼
유클리드 기하학에서
삼각형의 내각의 합은 **정확히** 180°야)
그런데 세 수학자가 만든
기하학은
우리에게 익숙한
유클리드 기하학만큼이나
아주 멋진 수학이었어.
이쯤되면
'그래서, 삼각형의 내각의 합이
180°라는 거야, 아니야?'
라는 의문이 생길지도 모르겠어.
이 의문의 답은
오직 '증명'으로만
찾을 수 있는데,
'증명'이라는 건
공리로 결론을 이끌어낸다는 뜻이야.
따라서
유클리드 기하학에서는
삼각형의 내각의 합은 180°라는

'증명'을 할 수 있어.
그와 달리
앞에서 말한
비유클리드 기하학에서는
삼각형의 내각의 합은
180°보다 **작다는** 사실을
아주 멋지게
'증명'할 수 있어.
머리가 빙글빙글 도는 것 같다고?
일단 마음을 가라앉히고
내 말을 들어봐.
탐정 소설의 대단원이 그렇듯이
상황이 훨씬 나빠진 것처럼
보일지라도
걱정할 건 없어.
곧 모든 게 좋아질 테니까.
4장이 끝날 무렵이 되면
머리가 맑아질 거야.

1850년쯤
또 다른 수학자가 나타나서
또 다른 연구를 하게 되는데,
그 수학자 이름은
리만이야(독일 사람이지).
리만은 유클리드의
평행선 공준을
다른 공리는 모두
그대로 두고
"한 직선 위에 있지 않은

한 점을 지나고
주어진 직선과
평행인 직선은
하나도 없다"
라는 공리로 바꾸면
어떻게 되는지 알고 싶었어.
그리고 또 다른
비유클리드 기하학을 찾아냈지.
삼각형의 내각의 합은
180°보다 **크다는** 정리랑
그 밖에 많은
'기이한' 정리를 찾아낸 거야.
내가 왜 사실은
상황이 더 좋아진 거지만
왠지 더 나빠진 것처럼 보인다고 했는지 알겠지?
적어도 한 가지는 인정할 거야.
비유클리드 기하학을 처음 발견했을 때
아주 이상하게 느껴졌으리라는
사실 말이야.
그래서 새로운 기하학을 발견했을 때
이미 노인이었던 가우스는
사람들이 '받아들이지 않을 것'이 분명하다며
자신이 발견한 내용을
책으로 발표하지도 않았어.
하지만 젊은이였던
로바체프스키와 보여이는
가우스처럼
조심스럽지는 않았어.
보여이는

역시나 수학자였던
자기 아버지에게
자신이 상상만으로
전혀 새로운 세계를
창조해냈다는 편지를 써서 보냈어.

그로부터 몇 년 지난
1868년에
이탈리아 수학자 벨트라미는
'수수께끼' 같은 새로운 수학이
제시한 질문들을 몇 가지 연구해
첫 번째 비유클리드 기하학이
(주어진 직선의 바깥쪽에 있는 점을
지나고 직선과 평행인 직선이
두 개라고 했던 공리 말이야)
실제로 '위구(가짜 구)'의
표면 위에서 적용되며
리만의 비유클리드 기하학은
평범한 구 위에서 적용된다는
사실을 알아냈어.

그러니까
평범하고 '평평한'
칠판이나 종이 위에서는
오랫동안 활약을 해온
유클리드 기하학이
멋지게 적용되지만
구나 '위구' 같은
다른 표면에서는

다른 기하학을
적용하는 게 좋을 거야.

비유클리드 기하학에는
어떤 **쓰임새**가 있을까?

음, 적어도 곤충인 파리는
평평한 표면에 적용할 수 있는
기하학보다는
구의 표면에 적용할 수 있는
기하학에 훨씬 더
흥미를 느낄 거야.
(파리는 아무리 높게 날아도
여전히 둥근 지구 표면을
따라 날아다닐 수밖에 없으니까)
그리고 현대 물리학에는
비유클리드 기하학이 적용된다는
사실을 알면 당신도 흥미가 생길 거야.
(아인슈타인의 일반 상대성이론은
유클리드 기하학이 아니라
비유클리드 기하학을 적용해야 해!)◆

비유클리드 기하학에서는
점 C의 오른쪽으로 뻗어나가고
왼쪽으로 뻗어나가는
직선 AB에 **각각** 평행인

◆　내 작은 책『길 위의 수학자를 위한 상대성이론』을 참고해!

'직선'*이 **두 개** 있는데
이 두 직선은
양쪽 방향으로 뻗어가는
직선 AB에 '무한원점'을
하나씩 갖게 돼.
그러니까
유클리드 기하학에서는
직선이 '무한원점'을
단 **한 개** 가지고 있는 것과 달리
(29쪽을 참고해)
비유클리드 기하학에서는
직선 AB 같은 직선은
평범한 **쌍곡선**처럼(60쪽)
'무한원점'이 **두 개**
있는 거야.

로바체프스키-보여이-가우스의
비유클리드 기하학을
쌍곡선 기하학이라고
부르는 이유는
바로 그 때문이야.

그와 마찬가지로
리만의
비유클리드 기하학은

◆　직선에 인용부호를 표시한 건 사실 곡면에는 직선이 없고 가장 짧은 거리를 잇는
측지선만 있기 때문이야. 예를 들어 구면에서는 가장 큰 원의 호가 두 점을 잇는 가장
짧은 거리야.

직선 AB 위에 있지 않은
점 C를 지나고
직선 AB에 평행인
'직선'은 **없으니까**
당연히
'무한원점'도 없어서
타원 기하학
이라고 불러.
왜냐하면
타원도
무한히 뻗어나가는
곡선이 없어서
'무한원점'이
없으니까.

그리고
유클리드 기하학에서
직선은
포물선처럼**
'무한원점'이
오직 하나뿐이니까 (32쪽)
평범한 유클리드 기하학은
포물선 기하학이라고

** 포물선은 주축인 AB의 한쪽 끝(B)이 무한히 뒤로 물러나는 타원이라고 생각할
수도 있어.

부를 수 있어.

(1) 쌍곡선 기하학
(2) 타원 기하학
(3) 포물선 기하학

이라는 용어는

(1) 로바체프스키-보여이-가우스
    비유클리드 기하학
(2) 리만
    비유클리드 기하학
(3) 일반 유클리드 기하학

을 의미하는 용어로 쓰이고 있어.

이런 원뿔곡선을 이용한
기하학 용어는
독일 수학자
펠릭스 클라인이 만들었는데,
그는 기하학 용어를
만들었을 뿐 아니라
세 기하학이
'각각을 특수한 경우를 포함하는
좀 더 일반적인 기하학의
여러 측면일 뿐'임을 밝혔어.

따라서 4장을 요약하면
이렇게 말할 수 있어.

(a) 대수나 산수와 마찬가지로
기하학에도 '잠재적 무한'은
있어.

그리고

(b) 세 기하학은
평행선 공준 외에
다른 기본 공리들은
모두 같아.
세 기하학에서 **다른 점**은
평행선 공준뿐이야.
따라서
직선 AB 밖에 있는
점 C를 지나는
평행선을
(1) 쌍곡선 기하학에서는
직선 AB에 평행한
직선이 두 개 있다고 하고
(2) 타원 기하학에서는
직선 AB에 평행한
직선이 없다고 하고
(3) 포물선 기하학에서는
직선 AB에 평행한
직선은 오직 하나뿐이라고 해.

(c) 이제는 수백 년 동안
수학자들이
유클리드의 평행선 공준을

증명하지 못한 이유를
분명하게 알 수 있어.
평행선 공준은
다른 공리들에서 유도할 수 없고
독자적으로 존재하니까.
지금까지 보았던 것처럼
다섯 번째 공리는 다른 기하학 속에서
실제로 **바뀌면서도**
여전히 다른 공리들과 조화를 이루고
새로운 기하학은
기존 유클리드 기하학만큼이나
훌륭하면서도
다른 목적으로도
사용할 수 있어.

이 모든 내용을 통해
우리는 두 가지 교훈을 배울 수 있어.

(1) (평행선 공준처럼)
  단 한 가지 공리만 바꾸고
  다른 공리를
  바꾸지 않고 내버려두면
  오래된 유클리드 기하학과는
  아주 다르지만
  여전히 유용한
  정리를 포함하는
  새로운 비유클리드 기하학이
  탄생한다는
  사실을 알 수 있다는 거야.

오래된 유산을 통째로
잿더미 위에
버리지 않고도
기본 원리를 조금만 바꾸면
이런 진보를 이룩할 수 있어.

(2) 이런 진보를 이루려면
몇백 년이라는 긴 시간이 필요해!
그런데도 왜,
우리는 참을성 없이
고작 몇 년밖에 안 된
'국제연합(UN)'에게는
이룩한 일이
거의 없다고
짜증을 내는 걸까?
물론 국제 관계가,
그리고 실제로
인간관계가 모든 면에서
개선되기를 바라며
수백 년을
기다릴 수 있다는
말은 아니야.

그 이유는

무엇보다도
현대전은
너무나도 **파괴적이어서**
어떤 경우에도 **승리하는 쪽**은

없기 때문에
전쟁으로는
그 **어떤** 문제도
완벽하게는 해결할 수 없다는 데 있어.
정말로 전쟁은
H. G. 웰스의 말처럼
"교육과 재앙이 벌이는 경쟁"이
되어버렸어.

그리고

두 번째로 반드시
알아야 할 것은
샘(SAM)이 이룩한 진보야.
(SAM은 Science, Art, Mathematics의 약자로
각각 현실감각, 직관, 이성을 나타낸다)
수학 분야에서만 해도
샘은 그저 모든 일이
저절로 '일어나기를'
소망하면서 기다리지 않았어.
언제나
인간관계가
국제관계가
진보할 수 있도록,
질병과 가난이
사람이 물려받은
온갖 악행이
사라질 수 있도록
자신 안에 있는

'현실감각(S)'과
'직관(A)'과
'합리적인 이성(M)'을
그 어느 때보다
지금 현재
최대한 발휘해
진보를 이루어냈어.

·05·
'실제' 무한

지금까지는
무한에 **가까이는** 가지만
결코 **닿을 수는 없는**
'잠재적' 무한을
몇 가지 살펴보았어.

이제 정수 중에서
1, 2, 3 같은
양의 정수를
한번 생각해보자.
계속해서 양의 정수를
쓰고 싶은 대로
마음껏
이어 쓰고
마지막에 말줄임표를
적어 넣을 수도 있어.
이 말줄임표는
무한에 가까워진다는 뜻이야.
그런데
전체로서
양의 정수는
'실제' 무한을
나타내는 예라고 할 수 있어.

아마도 전체 정수 같은
이런 모임이나 집합은
그 구성원을 모두
부를 수도 없을 정도로 많아서
아무리 많은 수를 세고 또 세어도
자꾸만 다른 수가 나타나기 때문에
감당할 수 없다는
생각이 들지도 몰라.
하지만
위대한 수학자
게오르크 칸토어는
이런 '실제' 무한을 가지고
무언가를 할 수 있음을
보여주었을 뿐 아니라
'실제' 무한을 구성하는
새로운 **체계**를
만들어내기도 했어.
이제 곧 내가 소개할
칸토어의 집합론이
바로 그 체계야.

일단, 그전에
아주 간단한 문제를 내볼게.
5만 명을
수용할 수 있다고 알려진
운동장에 들어가 있다고 생각해봐.
주위를 둘러보니까
모든 의자에 사람들이 앉아 있고
빈 의자는 하나도 없다는 걸

알게 됐어.
(당연히 당신도 의자에 앉아 있지)
이제 누군가가 당신에게
"직접 세지 않고
이 운동장에 있는 사람이
몇 명인지 말해줄 수 있어요?"
라고 묻는다면
분명히 당신은
조금도 주저하지 않고
"5만 명이요"라고
말할 거야.
하지만 그걸 어떻게 알지?
세보지도 않았으면서?
당신이 확신을 가지고
대답할 수 있는 이유는
운동장에는 의자가
5만 개 있고,
서 있는 사람은 한 명도 없고
모든 사람이 앉아 있으니
사람들 수도 의자 수랑
같다고 생각했기 때문이야.

그러니까 사람과 의자를
'짝을 지어서'
운동장에는 의자 수만큼의
사람이 들어와 있다는 걸
알았던 거지.
그럼 이제는
a, b, c 같은

여러 원소로 이루어진
A라는 집합과
a', b', c' 같은
여러 원소로 이루어진
A′라는 집합이 있다고 생각해보자.
A를 이루는 모든 원소가
A′를 이루는 모든 원소와
오직 하나씩만
대응한다면
(짝을 이룬다면)
A′를 이루는 모든 원소도
A를 이루는 모든 원소와
오직 하나씩만
대응할 거야.
이럴 때 A와 A′는
'동치'라고 해.
두 집합을
이루는 원소의 수가
같다는 뜻이야.
이 짝짓기 과정을
일대일대응이라고 하는데
1 대 1 대응이라고
적어도 돼.

그럼 이제 다시
양의 정수로 이루어진
'실제' 무한으로 돌아가보자.
이제 곧 양의 정수의 집합에는
유한한 집합에는 없는

놀라운 특성이 있음을
알게 될 거야.
분명히
2, 4, 6 같은 **짝수**는
전체 양의 정수 집합의
일부(부분집합)라는 사실을
알 거야.
(양의 정수는
짝수와 홀수로 이루어져 있어)
그런데
다음 두 집합을
한번 비교해봐.

(1) 모든 양의 정수의 집합

    1, 2, 3, 4, 5, ……

(2) 양인 짝수의 집합

    2, 4, 6, 8, 10, ……

구성원이
사람 1번, 사람 2번, 사람 3번, 사람 4번……
같이 사람들로 이루어진
집합 (1)이 있다고 생각해보자.
집합 (2)는
의자 2번, 의자 4번 같은
의자로 이루어져 있어.
이제 사람들을
사람 1번은 집합 (2)의 첫 번째 의자인
의자 2번에 앉고

사람 2번은 두 번째 의자인

의자 4번에 앉고

사람 3번은 의자 6번에

사람 4번은 의자 8번에

앉는 식으로

모두 의자에

앉게 하자.

사람들이

자기 번호보다

2배 큰

의자에 앉게

된다는 걸

알겠지?

9번 신사는 18번 의자에

11번 숙녀는 22번 의자에

앉게 되는 거야.

그러니까

'사람의 번호'만 보면

그 즉시

그 사람이 어떤 의자에 앉을지

알게 되고

당연히

의자 번호를 보면

그 즉시

몇 번 사람이 그 의자에

앉을지 알 수 있어.

따라서

집합 (1)과 집합 (2)는

두 집합의 원소들이

일대일로 대응하기 때문에
두 집합은
'동치'라고 할 수 있어.
83쪽에서 본 것처럼
두 집합의
원소의 개수는
서로 같고 말이야.

'어떻게 그럴 수 있어?'
라고 생각할지도 모르겠어.
집합 (2)는
집합 (1)의 **부분**집합인데
어떻게 **같다는** 건지 의문이 들지도 몰라.
학교에서 배웠고
실용적인 세상에서
매일 보는 것처럼
'전체는 전체를 이루는
각각의 부분보다 **크다**'
라는 게 진리 아니었나 하는
의문이 들 수도 있을 거야.

그런 의문에 나는
이렇게 대답할 거야.
학교에서 배운 내용은
마음껏 적용해도 돼.
단, 유한한 집합에만 적용해야 해.
그러니까
원소가 7개인 유한 집합과
원소가 4개인 유한 집합은

서로
일대일대응을
이룰 수가 없는 거야.
두 집합의 원소를 짝지으면
원소가 7개인 집합에서
원소 3개는 짝이 없는 게 당연하니까.

(1) 1, 2, 3, 4, 5, 6, 8

     $\updownarrow$ $\updownarrow$ $\updownarrow$ $\updownarrow$

(2) 1, 3, 5, 7

하지만 '실제' 무한집합은
84쪽에 나오는
집합 (1)과 집합 (2)처럼
첫 번째 집합의
모든 원소가
두 번째 집합의
모든 원소와
짝을 이룰 수 있어.
'실제' 무한집합들은
85쪽에서 본 것처럼
한 집합이
다른 집합의 **부분**집합이라고 해도
'동치'를 **이룰 수** 있는 거야.
실제로 '이런 초한수'를 다룰 때
기본적으로 명심해야 할 점은
(유한수와 **달리**)
'초한수'는
한 집합과 그 부분집합을

언제나
일대일대응시킬 수 있다
는 거야.

너무 이상하다고?
당연하지.
세상을 발전시키고
실용적으로
적용할 수 있었던
수학의 기이함은
이미
앞에서도 본 적이 있지?
(비유클리드 기하학 말이야!)

비유클리드 기하학을
만든 사람들이
유클리드 기하학의 공리**에만**
갇혀 있지 않았던 것처럼
(65쪽의 평행선 공준을
포함해서 말이야!)
칸토어도
새로운 초한수 이론을 세우면서
유한 집합**에만**
적용할 수 있는 공리만을
사용하지 않았다는
사실은
충분히 짐작할 수 있을 거야.

그러니까 각 사고 '체계'에는

각자 그 체계에 맞는
공리들이 존재하는 거야.
물론 한 체계 **내에서** 공리들이
서로 **모순되지 않아야** 한다는 건
기본 중의 **기본**이지.
분명히 각 '체계'들은
서로를 보면서 이렇게 말할 거야.
"내가 보기에 넌 참 이상해.
하지만 우리가
각자의 영역을 지키면서
우리 자신의 문제에
집중한다면
우린 함께 존재할 수 있고
너도 있고 나도 있다는 사실 때문에
이 세상은 훨씬 풍요로워질 거야."
분명히 다양한 기하학이
서로에게 이런 말을 하고 있을 텐데,
유한 집합론과
'실제' **무한**집합론도
서로에게 같은 말을 하고 있을 거야.
서로 **같아질 수** 있다는
기대도 하지 않고
그런 소망도 품지 않지만
두 집합론 가운데
어느 하나라도
잃게 된다면
이 세상은
아주 중요한 부분을
잃어버리게 되는 거야.

자, 이제부터는
또 다른
'실제' 무한들을 살펴보자.
정말 아주 재미있다는
사실을 알게 될 거야.

'실제' 무한 (계속)

지금부터
'실제' 무한의
또 다른 예인
유리수 집합을 살펴볼 거야.
'유리(有理)'라는 한자어는
'이치에 맞는다'라는 뜻인데
사실 유리수는
이치라는 뜻과는
아무 상관이 없다는 걸
명심해야 해.
이름 때문에 개념을 오해하면
안 되는 거야!
한 사람이 이치가 있다는 건
그 사람에게 적절하게 발휘할 수 있는
논리력이 있다는 뜻이야.
(샘의 M을 기억하지?)
하지만 유리수라는 건
이치라는 한자가 들어간다고 해도
실제 의미는 두 정수의 비율로
나타낼 수 있는 수라는 뜻이야.
예를 들어서 $\frac{7}{8}$ 이 유리수야.
왜냐하면
7과 8이 정수이고

7과 8 사이에 들어 있는
막대(–)는 두 수의 비율을
나타낸다는 뜻이거든.
마찬가지로
$2\frac{1}{4}$ 도 유리수야.
왜냐하면
이 수는 $\frac{9}{4}$ 로
표현할 수 있는데
9와 4도 정수이고
막대(–)는 비율을 나타내기 때문이지.
11 같은 정수는
그 자체로 유리수야.
왜냐하면 11은
$\frac{11}{1}$ 을 의미하거든.
따라서 정수는
유리수에 **포함되는** 거야.

두 유리수의
합은
유리수라는
사실도 알고 있을 거야.
다음 계산처럼 말이야.

$$\frac{1}{3} + \frac{2}{5} = \frac{5}{15} + \frac{6}{15} = \frac{11}{15}$$

이런 계산은 다음처럼 일반화할 수 있어.

$$\frac{a}{b} + \frac{c}{d} = \frac{ad}{bd} + \frac{bc}{bd} = \frac{(ad+bc)}{bd}$$

이 식에서
a, b, c, d는 정수니까

$ab + bc$와 bd도 정수야.

따라서 이 식을 계산한 답은

유리수가 되는 거지.

아주 간단한 사실로

아주 **놀라운** 결론을 이끌어냈지?

$\frac{1}{2}$ 이나 $\frac{2}{3}$ 같은

두 유리수를

가지고

두 수의 '평균'을

내는 것 같은

다양한 방법으로

두 수 사이에 있는

또 다른 유리수를

찾을 수도 있어.

(그러니까 $\frac{1}{2}$ 보다 크고

$\frac{2}{3}$ 보다 작은 수들 말이야)

평균을 구하려면 일단 두 수를 더해야 해.

$$\frac{1}{2} + \frac{2}{3} = \frac{3}{6} + \frac{4}{6} = \frac{7}{6}$$

그런 다음에

계산해서 나온 수를

2로 나누면 평균을 알 수 있지.

$$\frac{7}{6} \div 2 = \frac{\frac{7}{6}}{\frac{1}{2}} = \frac{7}{12}$$

$\frac{7}{12}$ 은

$\frac{1}{2}\left(=\frac{6}{12}\right)$ 보다는 크고

$\frac{2}{3}\left(=\frac{8}{12}\right)$ 보다는 작아.

이게 왜 그렇게 놀라운 일이냐고?

음, 한번 생각해봐.

이제부터는 같은 과정을

되풀이해서

$\frac{1}{2}$ 과 $\frac{7}{12}$ 사이에 있는

또 다른 유리수를 찾을 수가 있고,

그 결과 나온 수를 가지고

또다시 $\frac{1}{2}$ 과 그 사이에 있는

유리수를 찾을 수 있는 거야.

그런 식으로 $\frac{1}{2}$ 과 $\frac{2}{3}$ 사이에서

무한히 많은

유리수를 찾을 수 있는 거지.

결국

두 유리수 사이에서

또 다른 유리수를

무한히 많이 찾아내어

무한한 **정수**의 집합과는

전혀 다른 특성을 지닌

양의 유리수 집합을

발견할 수 있게

되는 거야.

정수의 집합은

80쪽에서 본 것처럼

'실제' 무한집합이지만

연속하는 두 정수

(예를 들어 2와 3 말이야)

사이에서는

또 다른 정수를

찾을 수가 없어.

정수로 이루어진
실제 무한집합은
이산집합이어서
어떤 정수를 택해도
곧바로 뒤따라오는 정수가 있어.
7을 택하면 바로 뒤에 8이 있는 식이지.
이산집합이란
'셀 수 있는'
무한집합이라는 뜻이야.
한 수를 택해서
세기 시작하면 계속해서
다음 수를 셀 수 있다는 뜻이지.
절대로 끝나지 않더라도
계속해서 셀 수는
있는 집합인 거야.
하지만 유리수 같은
무한집합은 어떤 수($\frac{1}{2}$ 같은)를
택하더라도
그 즉시 뒤따라오는
수는 **없어**.
($\frac{1}{2}$ 보다 크지만
$\frac{1}{2}$ 과 아주 가까운 유리수를
택했다고 해도
$\frac{1}{2}$ 과 그 수 사이에는
또 다른 유리수가 여전히
무한히 존재해)
이런
무한집합을
조밀집합이라고 해.

만약
"84쪽에서
이야기한 것처럼
짝수인 양의 **정수만으로도**
모든 정수와 '동치'가 성립한 것처럼
정수의 무한집합도
유리수의 무한집합과
'동치' 관계가 성립할까?"
라는 질문을 받으면
당신은 뭐라고 대답할까?

아마도 이렇게 대답하고
싶을지도 모르겠어.
앞에서 살펴본 것처럼
정수의 무한집합은
이산집합이지만
유리수의 무한집합은
조밀집합인데(97쪽)
어떻게 84쪽의
두 이산집합처럼
일대일대응이 될 수 있겠어?
84쪽에서 본 것처럼
집합과 **부분집합**이 모두 무한집합일 때
그 집합과 부분집합이
동치라고 하는 이야기는
아주 놀라웠어.
하지만 이제
더 놀라운 이야기를 해줄게.
모든 유리수의 집합은

조밀집합이고
모든 정수의 집합은
이산집합이지만
모든 유리수의 집합과
모든 정수의 집합은
일대일대응
관계가 성립한다는 사실을
곧 알게 될 거야!

그런데 이 두 집합이
일대일대응하려면
유리수를
일반적인 방식과는
다른 방식으로
배열해야 해.
새롭게 배열된
유리수는
이산집합처럼
셀 수 있는 능력을
가져야 해.
어떤 수가 되었건 간에
한 유리수 뒤로
곧바로
다른 유리수가
따라와야
하는 거야.
유리수 집합을
다르게 배열하는 방법은
다양해.

이렇게 할 수도 있어.

$$\frac{1}{1} \rightarrow \frac{1}{2}, \ \frac{1}{3} \rightarrow \frac{1}{4}, \ \cdots$$
$$\frac{2}{1}, \ \frac{2}{2}, \ \frac{2}{3}, \ \frac{2}{4}, \ \cdots$$
$$\frac{3}{1}, \ \frac{3}{2}, \ \frac{3}{3}, \ \frac{3}{4}, \ \cdots$$
$$\frac{4}{1}, \ \frac{4}{2}, \ \frac{4}{3}, \ \frac{4}{4}, \ \cdots$$
$$\vdots$$

첫 번째 열은
분자가 1이고
분모가 1, 2, 3, 4 등으로
계속 바뀌고,
두 번째 열은
분자가 2이고
분모가 1, 2, 3, 4 등으로
계속 바뀌는
유리수라는
사실에 주목해야 해.
세 번째 열부터 그 뒤 열들도
모두 같은 방식으로 이어지고 있어.
이제 이 집합에는
모든 양의 유리수가
들어 있음이 분명하며
이 집합이

이산집합임은
쉽게 알 수 있지.
왜냐하면 무엇보다도
화살표를 따라가면
한 유리수가 다음 유리수로
이어진다는 사실을 알 수 있기 때문이야.
모든 유리수에 바로 뒤따라오는
유리수가 있는 셈이지.

따라서
모든 양의 유리수 집합은
순서대로 배열될 때에는
조밀집합이지만
다시 배열하면
정수의 무한집합처럼
셀 수 있는 이산집합으로
나타낼 수 있기 때문에
유리수의 무한집합과
정수의 무한집합은
일대일대응을 할 수 있어.◆

하지만
위대한 게오르크 칸토어가
발전시킨

◆ 물론 이 배열에서 다섯 번째 수인 $\frac{2}{2}$ 는 첫 번째 수인 $\frac{1}{1}$ 과 크기가 같은데, 같은 수가 여러 번 나오기 때문에 왠지 두 집합은 일대일대응을 하지 않는 것처럼 보일 수도 있어. 하지만 그건 걱정하지 않아도 돼. 그저 수를 세어나가는 동안 중복되는 수를 지우기만 하면 같은 수를 한 번 이상 셀 일은 없을 테니까. 그냥 $\frac{2}{2}$ 를 지워버리면 $\frac{1}{3}$ 이 저절로 다섯 번째 수가 되는 거지. 계속 그렇게 하면 돼.

'실제' 무한에 관한
놀라운 이야기에서 이 정도는
이제 **시작**일 뿐이야.
'실제' 무한이 아주 유용하다는 사실도
실제로 수학에서는 없어서는 안 될
필수 요소라는 사실도 곧 알게 될 거야.
'순수' 수학에서도 '응용' 수학에서도 말이야.
물론 칸토어의 이론이
아주 심한 공격을 받았다는
사실도 알게 될 거야.
수학자들은
칸토어의 이론이
너무 기이할 뿐 아니라
모순투성이라고
공격했는데,
특히 두 번째 공격은
견디기 힘들 정도였어.
왜냐하면 모순은
수학에서는 절대로
용서할 수 없는 죄악이니까!

칸토어의 '실제' 무한 이론이
'기이함' 때문에 많은
공격을 받지 않았다는
사실은 놀랍지 않을 거야.
이미 수학자들과 기이함은
잘 어울리는 동료라는 걸
알고 있을 테니까.
하지만 분명히

어떤 '모순', 그러니까 불일치가
있다는 것인지는 알고 싶을 거야.
모순은 도저히
참아줄 수 **없는** 거니까.
잘 알고 있겠지만
게임 규칙들이 서로 모순되면
게임을 할 수 없는 것처럼
논리적으로 따질 때도
진술이 서로 일치하지 않으면
제대로 결론을 내릴 수 없어.
그러니까 모순을 발견하면
반드시 필요한 조치를 취해야 해!
모순을 없앨 수 있는
방법은 몇 가지가 있어.

(1) 물리학에서
　　모순이 발생했을 때
　　상대성원리를 구축하면서
　　아인슈타인이 그랬던 것처럼
　　공리들을
　　바꾸는 거야!◆

(2) 모순을 발견했을 때
　　유클리드 기하학에서
　　그랬던 것처럼
　　다른 공리를

◆　내 책 『길 위의 수학자를 위한 상대성이론』을 참고해!

추가할 수도 있어.[*]

(3) 칸토어의 무한 이론은
미친 사람이
내놓은 헛소리로
치부하고
완전히 폐기해야 한다고
주장한 수학자들도 있어.
하지만 칸토어의 무한 이론이
전체 수학뿐 아니라
실용적인 면에서도
아주 중요한 **필수 요소**라는
사실을 깨닫게 되면서
폐기해야 한다는 '처방'은
치료약이 아니라
위험한 독약처럼
보이게 됐어.
이 작은 책을
다 읽기 전에
도대체 어떤 일이 있었던 건지
알 수 있게 될 거야.

그리고
아주 놀라운 이야기가 있어!
수학자나 논리학자가
맞닥뜨린 어려움을

[*] 내 책 『길 위의 수학자』(2016년 궁리) 137쪽을 살펴봐!

제거하거나 최소로 하려고
사용하는 강력한 **방법**은
우리 모두에게
사람의 마음이
어려움에 닥쳤을 때
어떤 일을 **할 수** 있는지를
가르쳐주는 영감으로 작용해,
우리의 **약함**만큼이나
강함을 알게 해주고
우리의 **한계**를 알게 해서
우리가 **샘**이 가진
가장 **강력하고**
현대적인
최신 방법을
익힐 수만 있다면
우리가 갈 수 없는 곳을
뛰어 넘어
얼마나 먼 곳까지
갈 수 있는지를
알 수 있게
해준다는 거야.

·07·
훨씬 더 큰 '실제' 무한

지금부터
한 직선 위에
양의 유리수들을
순서대로 나열해보자.
이렇게 말이야.

유리수로 이 선을
꽉 채우는 거야.
(96쪽을 참고해!)
어쩌면 두 수 사이에
마음껏 수를
'집어넣을' 수 있으니
이 수들의 조밀집합은
직선을 완전히 덮어버려서
직선에 있는 모든 점은
분명히 특정한 유리수와
대응될 거라고
생각할지도
모르겠어.
하지만 절대로 그렇지 않아.
이제 곧 직선 위에 있지만

유리수가 될 수 없는
점이 있음을 보여주고
유리수 사이에는
'구멍'이 있다는
사실을 알려줄 거야.
사실 이 직선 위에는
유리수로 지정된 점보다
훨씬 많은 **구멍이 있음**이
밝혀졌어!
이 직선에는 체처럼
엄청난 구멍이 있어!
이제 그 구멍 가운데
하나를 보여줄게.
일단 직각삼각형을 생각해보자.

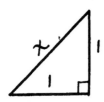

이 직각삼각형의 밑변과 높이는
모두 1이고 빗변은 x야.
유명한
피타고라스의 정리에 의하면
다음 식이 성립할 거야.

$$x^2 = 1^2 + 1^2$$

따라서

$x^2 = 1 + 1$ 이니까

$x^2 = 2$야.

결국

$x = \sqrt{2}$ 인 거지.

자, 다시 108쪽에 있는

직선으로 돌아가자.

직선 위의

0에서 1까지의 거리가

앞에 나온

직각삼각형의

밑변이나 높이의

거리와 같다면

0에서 직각삼각형의

빗면의 길이만큼

떨어진 점은

분명히

$\sqrt{2}$ 가 되는 것이

당연하지 않을까?

그럼 이제부터는

$\sqrt{2}$ 는

유리수가 아님을,

다시 말해서

$\frac{a}{b}$ 라는 두 **정수**의 비로

표현할 수 없음을

보여줄 거야.

$\sqrt{2}$ 를 $\frac{a}{b}$ 로 표현할 수 있고

$$\sqrt{2} = \frac{a}{b} \qquad\qquad \text{①}$$

$\frac{a}{b}$ 를
분자와 분모가
1 외에는 공약수를
갖지 않는
기약분수라고
가정한다면
이미 기약분수로
만드는 과정에서
다른 모든 공약수는
약분되어
제거됐을 거야.
만약에
①번 식이 참이라면
양변을 제곱하면

$$2 = \frac{a^2}{b^2}$$

이 돼.
그리고 양변을 b^2으로 나누면

$$2b^2 = a^2$$

이 될 거야.
좌변의 $2b^2$에는
2가 있으니까
이 수는 분명히 짝수인 거지.
우변의 a^2이 좌변과

같으려면

a^2도 반드시 **짝수**여야 해.

그리고 a^2이 짝수가 되려면

a는 반드시 짝수여야 하는 거야. ◆

따라서 a^2을 구성하는 a가

모두 짝수라면

a^2은 짝수일 뿐 아니라

분명히 4로 나뉘어야 해

(a가 **두 개** 있으니까).

그렇다면 $2b^2$도

4로 나뉘어야 하고

$2b^2$에는 2가 **단 한 개**니까

(4를 만들) 다른 2는

b^2의 약수여야 해.

b^2이 **짝수**라면

b도 당연히 **짝수**일 거야.

지금까지 살펴본 것처럼

a와 b가 **모두 짝수**라면

a와 b는 2라는

공약수를 가져야 해.

그런데 111쪽에서

a와 b는 **공약수가 없다**고

했잖아!

이건 분명히 **모순**되는

진술이라고!

따라서

◆ 왜냐하면 홀수는 $2n+1$로 나타낼 수 있는 수인데 제곱하면 $(2n+1)^2=4n^2+4n+1$로 역시 홀수거든.

a와 b가 공약수가 없는
두 정수일 때

$$\sqrt{2} = \frac{a}{b}$$

라는 가정은 거짓이고
110쪽에서
설명한 것처럼
$\sqrt{2}$ 는
108쪽에 있는
직선 위에 있는 점이지만
유리수일 수 없는 거야.
$\sqrt{2}$ 같은 수를
무리수라고 하는데
무리수라는 건
유리수가 아니라는 뜻이야.
직선에 있는 다른 구멍들도
모두 이 무리수들이 메우고 있어.
직선에 있는 구멍을
모두 무리수라고 하는
수들이 메우고 있다면
무리수와 유리수를 합쳐서
직선을 **모두** 채울 수 있는데
이 두 수를 **합해**
실수라고 불러.
이 실수는
'연속적인' 점들의 집합인
연속체로 이루어져 있어.
앞으로 알게 되겠지만

'아주 힘든'

경험을 통해서

수학자들은

(108쪽처럼 직선 등을 이용한)

직관적인 기하학 추론은

틀릴 **때가** 있기 때문에

19세기가 되면

수에 관한 개념을 세울 때는

훨씬 엄격한 기준을

적용하게 돼.

'실수'를 정의할 때는

직선 같은

기하학 개념이 **아니라**

유리수만을

이용해 정의하고

유리수를 정의할 때는

정수만을

가지고

정의하게 된 거야.

하지만

우리 목적에는

직선 위에 점의 형태로

실수가 있다는 생각이

아주 유용하기도 하고

오해를 불러일으키지도 않아.

무엇보다도

실수는 분명히

'실제' 무한이야.

그렇다면 자연스럽게 이런 질문을

할 수 있을 거야.
유리수의 **조밀**집합이
그랬던 것처럼(102쪽)
실수도
'셀 수 있는',
'가산' 무한집합이
될 수 있을까?
그러니까
실수의 집합을
정수의 집합과
일대일대응을 할 수 있도록
재배열할 수 있을까
하는 궁금증이 생기는 거야.
8장에서는
게오르크 칸토어가
실수의 집합은
'셀 수 있는'
집합이 **아니라**
'셀 수 있는'
무한보다
더 큰 '실제' 무한임을
입증해보인 방법을
보게 될 거야.
칸토어의 집합론에서
'초한수'는
끝이 없이
계속해서 커지는
계층구조를
이루고 있지만

합리적이고도
유용한 방법으로
이 수들을
활용할 수 있게 해주는
명확한 공리를
가지고 있음을
알게 될 거야.
근대의 위대한 수학자
다비트 힐베르트(1862~1943)는
칸토어의 업적은
"수학의 영혼이 꽃피운
가장 경이로운 결과물로
사람의 이성이 이룩한
가장 위대한 업적 가운데 하나"◆
라고 했어.

자, 그럼 이제부터
'끊이지 않는' 직선 위에
있는 점으로 나타낸
실수의 집합을
좀 더 자세히 살펴보도록 하자.

◆ 다비트 힐베르트의 논문 「무한에 대하여」에 나오는 말이야.

·08·
실수 연속체

먼저
두 점 사이를
빈 공간 없이
유리수인 점과 무리수인 점으로
(그러니까 진짜 '점'으로)
꽉 채워진 선분이
있다고 생각해보자.
이런 선분은
'선형연속체'라고
불러.

이제 이 선형연속체도
모든 '실제' 무한처럼
선분 위에 있는 **모든** 점이
그 선분의 **일부**에 있는 모든 점과
일대일대응을 하는지 살펴보자.
(89쪽을 봐!)
살펴보는 방법은 쉬워.
이렇게 하면 돼!

119쪽에 있는 선분 AB에서
그보다 짧은 직선 A′B′로
직선 AA′와 직선 BB′가

점 E에서 만나도록
선을 긋는 거야.
그리고 직선 AB에 있는
한 점(F)에서
직선 A′B′를 지나 점 E와 만나는
직선(FE)을 그리는 거지.
직선 FE가 직선 A′B′와 만나는 점(F′)은
점 F와 대응하는 점이야.
그와 마찬가지로
직선 A′B′ 위에 있는
한 점(G′)에서
직선 AB와 만나는 점(G)이 생기도록
직선 EG′를 그어보는 거야.

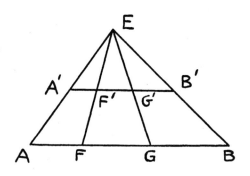

이때 점 G와 점 G′는 대응해.
직선 AB에 있는 **모든 점**이
직선 A′B′에 있는 모든 점과
짝을 이루고
직선 A′B′에 있는 **모든 점**이
직선 AB에 있는 모든 점과
짝을 이뤄.

그러니까
직선 AB와 직선 A′B′에 있는
점들의 집합은 서로
일대일대응을 하는 거지.
두 점들의 집합은
'동치'인 거야.
이런 동치 관계는 엄밀하게
분석해볼 수 있어.
물론
같은 방식으로
119쪽에 있는
직선 A′B′와 직선 AF의 모든 점도
일대일대응을 할 수 있어.
두 직선이 동치를 이루는 거야.
또한 직선 AB와
(직선 AB의 **일부**인)
직선 AF도
일대일로 대응할 수 있지.

그러니까 선형연속체는
길이가 길든지 짧든지 간에
그 위에 있는 점의 수는
모두 **같은 거야.**
이 초한수는 c로
표시할 거야.

이제 곧 알게 되겠지만(125쪽)
c는 '셀 수 있는' 무한보다
더 커.

칸토어는
셀 수 있는 무한을
히브리어 첫 번째 글자인
$\aleph$(알레프)에 0을 붙여서
$\aleph_0$로 나타냈어.
이 $\aleph_0$는
앞으로 우리가 만나게 될
$\aleph_1$이나 $\aleph_2$ 같은
더 큰 '초한수'와는 구별되는
무한이야.
우리가 먼저 살펴볼 내용은
칸토어가 c가 셀 수 없음을
보여주는 방식이야.
앞에서 본 것처럼
선분의 길이는
무한의 크기와는
아무 상관이 없으니까
실수를 포함하고 있는
0부터 1까지의 선분에만
집중하도록 하자.
이 선분에 있는 수는
모두 무한소수들이야.
그러니까 각 점은 이렇게 쓸 수 있어.

$$0.\varepsilon_1\varepsilon_2\cdots\cdots^{\blacklozenge}$$

◆ 0.1 같은 유한소수도 사실은 0을 끝없이 쓸 수 있는 0.10000⋯⋯ 같은 무한소수
라고 생각할 수도 있어.

각 ε(엡실론)은 0부터 9까지의
숫자 가운데 하나를 나타내.
이제 0과 1 사이에 있는
직선에 있는 모든 실수를
'셀 수 있다'고 가정해보자.
그럼
첫 번째, 두 번째……
이런 식으로 수를 세고
목록을 만들 수 있을 거야.

(1) $0.a_{11}a_{12}\cdots$ ◆◆
(2) $0.a_{21}a_{22}\cdots$
(3) ……………
……………………
……………………

이 목록에는 0과 1 사이에 있는
모든 실수가 들어 있다고 여겨지고 있어.
하지만
칸토어는
전체 집합을 셀 수 있다고 간주한 뒤에
분명히 목록에는 **없는**
또 다른 무한소수를
쉽게 만들어낼 수 있다고

◆◆ 아래첨자를 한 개 쓴 경우도 있고 두 개 쓴 경우도 있다는 사실에 주목해줘. 한 줄로 된 수열에서는 아래첨자가 1개만 있으면 돼. 아래첨자는 그 수가 수열에서 몇 열에 있는지 알려줘. 그와 달리 수열이 여러 줄일 때는 아래첨자를 두 개 써서 행과 열을 알려주는 거야. 예를 들어 a_{72}는 일곱 번째 행 두 번째 열에 있는 수를 나타내고 있는 거지.

주장했어.
목록에 있는 첫 번째 수의
소수 첫째 자리의 수를 바꿔
다른 수를 만들어낼 수 있고
(다시 말해, 이 새로운 수의
소수 **첫째** 자리는 a_{11}이 **아닌** 거야),
소수 둘째 자리에서
목록에 있는 두 번째 수와는
다른 수를 만들어 낼 수 있는
(즉 이 새로운 수의 소수 둘째 자리는
a_{22}가 아닌 거지) 등,
대각선으로 내려가면서
목록에 있는 모든 수를
계속해서 다른 수로
바꿀 수 있다고 했어.
소수 자리에 있는 수들을
바꿀 수 있으니까 말이야.

그러니까
0부터 1까지에 들어 있는
모든 실수를 셀 수 있다는
생각을 하고 난 뒤에는
그 목록에 들어 있지 않은
새로운 수들을
찾아낼 수 있다는 사실을
알게 된 거야.

따라서 0부터 1까지에서
혹은 그 어떤 두 수 사이에서도

완벽하게 셀 수 있는 실수 집합을
상상하는 건 불가능해.
그러니까 c는
$\aleph_0$보다
더 큰 '초한수'인 거야. (122쪽)

이제부터는 규모가 **다른,**
즉 '크기'가 **다른**
'실제' 무한에 관해
공부를 해나갈 거야.

지금까지 살펴본 것처럼

(1) 양의 정수의 집합의
'크기'는
(다시 말해서
'자연수 집합'의 크기는)
$\aleph_0$야.

(2) 양의 유리수의 집합의
'크기'도
$\aleph_0$지.

(3) 모든 실수의 집합의
'크기'는
c야.
앞에서 나온
대각선논법에서는
(123~124쪽)

0부터 1까지의
실수만을 다루지만
그 덕분에

(a) 0부터 1까지의
    실수의 집합과
(b) (−∞에서 +∞까지의)
    모든 실수의 집합이
    일대일대응을 한다는 사실을 알게 되어
    결국 (a)의 '크기'는
    c이고
    (b)의 크기도 마찬가지로
    c임을 알 수 있어.

그럼, 이제 생각해보자.
양의 정수의 집합에
0과 음의 정수의 집합을 더하면
새로운 집합의 '크기'는
어떻게 될까?
음,
다음처럼 배열하면
좀 더 쉽게
생각할 수 있을지도 모르겠어.

$$0, 1, -1, 2, -2, \cdots\cdots$$

0을 빼면
양의 정수 뒤에
음의 정수가 이어지니까

'크기'가 $\aleph_0$인
'셀 수 있는' 집합이라고
할 수 있지.
모든 유리수
(양의 유리수, 음의 유리수, 0)
집합의 크기는 여전히 $\aleph_0$인 거야.
모든 실수
(양의 실수, 음의 실수, 0)
의 '크기'는 여전히 c인 거고.
또 다른 초한수로
넘어가기 전에
지금까지 살펴본
초한수들로
몇 가지 계산하는 방법을
잠깐 살펴보자.

먼저, '셀 수 있는' 집합에
유한수 1을 더해보자.
그래도 그 집합은
'셀 수' 있을 거야.
첨가한 유한수부터
시작해서
집합의 원소들을
계속 세어나가면 되니까.
이렇게 말이야.

$$1 + (1, 2, 3, 4, \cdots)$$
$$1, 2, 3, 4, 5, \cdots$$

$1 + \aleph_0 = \aleph_0$라는 식에서
1 대신 다른 유한수(k)를 더해도 돼.

$$k + \aleph_0 = \aleph_0$$

k는 1부터 k까지
아무 수나 되니까
$k+1$이나 $k+2$로
시작해서 $\aleph_0$를 세도 돼.
그 집합 역시 '셀 수 있고'
크기는 $\aleph_0$야.
사실

$$\aleph_0 + \aleph_0 = \aleph_0 \qquad ①$$

인 거야.
그러니까
짝수인 양의 정수의 집합을
첫 번째 $\aleph_0$라고 하고
홀수인 양의 정수의 집합을
두 번째 $\aleph_0$라고 했을 때
두 집합의 합은
모든 양의 정수의
합이니까
여전히 '셀 수 있는' 집합이라서
그 집합의 '크기'도 여전히 $\aleph_0$인 거야.
따라서 ①번 식은 이렇게 쓸 수 있어.

$$2\aleph_0 = \aleph_0$$

2 대신에 어떤 유한수도 될 수 있는
k를 넣으면 이런 식을 쓸 수 있어.

$$k \aleph_0 = \aleph_0$$

그럼 자연스럽게
이런 의문이 생길 거야.
'그럼 $\aleph_0 \times \aleph_0$는 뭐지?'
그러니까 '셀 수 있는' 무한집합에
'셀 수 있는' 무한집합을
곱하면
어떻게 될까?
여전히 그 답은 $\aleph_0$일까,
아니면 그보다 더 큰
다른 무언가일까?

이 문제에 답을 하려면
다음과 같은 기발한 생각을 해야 해.
무엇보다도
평범한 대수에서
$(a+b+c)$와 $(d+e)$를
곱하면
$ad+bd+cd+ae+be+ce$
라는 답이 나온다는 걸
기억하고 있어야 해.
그러니까
곱하는 식의
모든 항이
곱해지는 식의

모든 항과 '짝을 지어야' 한다는 걸
명심해야 하는 거지.
기발한 생각은 바로
이 지점에서 나와.
첫 번째 $\aleph_0$의 각 항을
두 번째 $\aleph_0$의 각 항과
짝을 지으려면
첫 번째 집합을 1행에 적고
두 번째 집합을 1열에 적어서
다음과 같은 표를
만들어야 해.

	1	2	3	4	5	....
1	1	2	4	7	11	....
2	3	5	8	12		
3	6	9	13			
4	10	14				
5	15					
·	·					

그다음은 2행 1열부터는
오른쪽에서 왼쪽 대각선 방향으로
1부터 2, 3, 4⋯⋯
순서대로
수를 적어나가는 거야.
'곱셈표'에서
첫 번째 집합(1행)에서

어떤 수를
(여기서는 4) 택하고
두 번째 집합(1열)에서
다른 수를
(여기서는 2) 택해
행과
열이 만나는 곳을
보면
12가 있을 거야.
마찬가지로
표에서 9를 찾으면
이 9가
첫 번째 집합(1행)의 2와
두 번째 집합(1열)의 3이
만날 때 나오는 수임을
알 수 있어.
행과 열의 순서쌍은
표의 칸의 수로 나타낼 수 있기 때문에
분명히 '셀 수' 있어.

행과 열의 순서는
1, 2, 3, 4, 5……
라는 식으로 쭉 나열되어 있으니까.
그래서
$\aleph_0 \times \aleph_0 = \aleph_0$인 거야.
어쩌면 $\aleph_0$보다 **더 큰**
초한수를 만들 수 있는
$\aleph_0$에 관한 연산이 **혹시** 있는지
궁금할지도 모르겠어.

그 의문에 대한 답은
'**그렇다**'야.
이 문제는 9장에서
아주 단순하고 재미있게
설명해줄게.

너무 자세하게 설명하기 때문에
지쳐버린 건 아닌지 모르겠어.
하지만 설명을 듣는 동안
사람의 마음이 만들어낸 **창의력**이
어떤 역할을 하고 있는지
알 수 있었을 거야.
만약에 당신이
'실용적인' 사람이라면
지금까지 살펴본 무한이
실용적인 의미에서도
아주 중요하게 사용되고 있음을
알게 되었고,
당연히 무한의 가치를
훨씬 분명하게 인정하게
됐을 거야.

실제로 활용할
방법만 알려주면 좋겠다고 생각하지 말고,
진귀한 기계 장치 이야기만 고대하지 말고,
조금은 지루한 걸 즐겨봐.
그런 기계 장치들도
충분히 중요하지만
우리 사람이 정말로 어떤 존재인지

우리 마음은
어떤 일을 할 수 있는지를
깨닫는 일이
훨씬 중요하니까.
기계 장치만을 중요하게 생각하는 마음이
우리를 죽일 수도 있지만
사람의 본성이 가진 **가장 멋진** 부분,
우리 안의 샘을
꽃피우면
우리 삶은
활력이 넘치고
행복해질 거야.

$\aleph_0$에서 c로 가는 방법

a_1이 0부터 9까지 가운데
어느 것도 될 수 있는
$0.a_1$
이라는
실수가 있다고 생각해보자.
$0.a_1$이 될 수 있는 수는
10개겠지.
그와 마찬가지로 $0.a_1a_2$도
a_1과 a_2는 **각각** 0부터 9까지
아무 수나 쓸 수 있다면
$0.a_1a_2$가 될 수 있는 수는
10×10
즉 100개가 될 거야.
$0.a_1a_2a_3$는
$10 \times 10 \times 10 = 10^3$개의
다른 수가 될 수 있고 말이야.
이제 우리는 $0.a_1a_2a_3a_4$가
몇 가지 수가 될 수 있는지도 알아.
따라서 소수점 밑의 자리수가
$\aleph_0$개이고
$0.a_1a_2a_3a_4\cdots\cdots$
의 **각** 소수점 자리에
0부터 9까지의

10개 숫자 가운데
하나를 적어 넣는다면
모두 $10^{\aleph_0}$개만큼의
다른 수를 얻을 수 있을 거야.
그런데 앞에서 언급한 것처럼
이 수의 총합은
0부터 1까지의 모든 실수 집합의
수와 같기 때문에 c라고 할 수 있어.
(125쪽을 참고해!)
그러니까
(양의 실수, 음의 실수, 0으로 이루어진)
모든 실수의 '크기'를 결정하는
'초한수'라고도 할 수 있지.
따라서

$$10^{\aleph_0} = c$$

이고, 이때 10 대신에 유한수 n을 넣으면

$$n^{\aleph_0} = c$$

라고 할 수 있어.
이제 n에 2를 넣으면
어떻게 되는지 보여줄게.
우리가 만든
'자릿수' 체계가
얼마나 멋있는지 알게 되고
(매일 사용하면서도 잠시 멈춰 서서
그 멋짐을 음미하지 못했던 체계 말이야!)

또 다른 실용적인 체계도
살펴볼 수 있을 거야.

우리는 보통
'밑'이 10인
수를 써.
그래서 325는
300＋20＋5라는 걸 알지.
다시 말해서
3은 100의 자리에 있으니까
300(3×100)을 나타내고
2는 10의 자리에 있으니까
20(2×10)을 나타내고
5는 1의 자리에 있으니까
5(1×5)를 나타낸다는
사실을 아는 거지.
각 자리에
다양한 수가 와도
우리는

$$u＋10t＋100h\cdots\cdots$$

라고 생각하거나

$$u＋10t＋10^2h\cdots\cdots$$

등으로
각 자릿수의 크기를 생각하고
각 자릿수 앞에 있는

0부터 9까지의 숫자를 생각해서
전체 수의 크기를
완벽하게 알아낼 수 있어.

이런 자릿수 체계만 있으면
수를 더하는 일도
곱하는 일도
제 아무리 큰 수라고 해도
적는 일도
아주 쉽다는 걸 알아.

건물
초석을 세울 때면
가끔 쓰기도 하는
로마 수 체계를
지금도 쓰고 있다고
생각해봐.
1951이라는 수를

MCMLI

라고 써야 한다면
얼마나 힘이 들겠어.
그런 수는 **읽기도**
힘들어!
혹시 이런 수를 두 개
더하거나 곱해
본 적 있어?
그래본 적이 있다면

로마 수 체계를 버렸다는
사실이 기쁠 뿐 아니라
지금 사용하고 있는
수 체계에 훨씬 더
고마워하게 되었을 거야.
우리가 누리는 많은 축복이 그렇듯이
우리가 쓰는 수 체계도
제대로 **인지**하지 못하면
그 고마움을 알 수가 없어.

그런데
유용한 수 체계는
우리가 쓰는 10진법 말고도
또 있어.
현대 계산 기계들이
사용하고 있는
수 체계는
10진법이 아니라
2진법이야.
그러니까
밑이 10인

$$u + 10t + 10^2 h + \cdots\cdots$$

같은 수가 아니라
밑이 2인

$$a + 2b + 2^2 c + \cdots\cdots$$

같이 쓸 수 있는 수인 거지.

a, b, c는

0 아니면 1만 될 수 있어.

(2진법에서는

2보다 작은 수만

쓸 수 있거든.

10진법에서도

수는 10보다 작은 수만

쓸 수 있었잖아)

8과 5를 10진법과 2진법으로

나타내면 다음과 같아.

10진법   **2진법**

8 ⟶ 1000 $1(2)^3+0(2)^2+0(2)+0$

5 ⟶ 101 $1(2)^2+0(2)+1$

2진법에서도

두 수를 더할 때는

두 수의 합이

2 이상일 때는

2의 거듭제곱 형태로

다음 열로 보내면 돼.

10진법에서도

10, 10^2, 10^3……

의 형태로 다양하게

자릿수가 늘어나잖아.

2진법도 마찬가지야.

2진법에서

100과 101의 합은 1001이야.

$$100 = 1(2)^2 + 0(2) + 0$$
$$101 = 1(2)^2 + 0(2) + 1$$
$$\overline{1001 = 1(2)^3 + 0(2)^2 + 0(2) + 1}$$

이 계산을 10진법으로 하면
4 더하기 5는
9가 나오는
계산식이었을 거야.
전자계산기에서
2진법을
사용하는 것이
더 편리한 이유는
2진법에서는
선택할 수 있는 수가
0 아니면 1밖에 없기 때문에
전자관에 설치한
'on'과 'off'
상태를 쉽게 나타낼 수 있기 때문이야.
아마 2진법은
낯설어서
그다지 감흥이
없을지도 모르겠어.
하지만
2진법의 **장점**은
더하기를 훨씬 쉽게
할 수 있다는 점일 수도 있어.
(숫자가 0과 1밖에 없으니까

8+3이라거나 6+2 같은
복잡한 수를
더하는 법을
배울 필요가 없잖아!)
2진법의 **단점**이라면
한 수를 나타낼 때
필요한 자리수가
10진법보다
훨씬 많다는 거
아닐까?
10진법 9는
2진법으로 1001이라고 적잖아.
$(1(2)^3+0(2)^2+0(2)+1$이니까$)$
9도 이런데
아주 큰 수라면
정말 많은 자리수가 필요할 거야!
하지만
기계에서는
일단 아주 많은 전기관만
만들어놓으면
각 전기관에서 필요한 신호는
'on'과 'off'
두 개밖에 없으니까.
끄고 켜는 일은
아주 간단할 거야.

그와 마찬가지로
0과 1 사이에 있는 실수도
10진법으로 표현할 수도 있고

2진법으로 표현할 수도 있어.

0.1은 10진법의 $\frac{1}{10}$ 을

의미할 수도 있고

2진법의 $\frac{1}{2}$ 을

의미할 수도 있는 거야.

0.09도

10진법에서는

$$\frac{0}{10} + \frac{9}{100}$$

거나

$$\frac{0}{10} + \frac{9}{10^2}$$

를 의미하지만

2진법에서는

모든 자릿수에

0 아니면 **1밖에는**

적을 수 없기 때문에

0.101은 $\frac{1}{2} + \frac{0}{2^2} + \frac{1}{2^3}$ 을 의미해.

10진법으로 표기하면

$$\frac{1}{2} + \frac{1}{8} = \frac{5}{8}$$

라고 할 수 있지.

10진법에서 $\frac{5}{8}$ 는

0.625야.

$$\frac{6}{10} + \frac{2}{100} + \frac{5}{1000} \text{ 나}$$

144

$$\frac{600+20+5}{1000} = \frac{625}{1000}$$

를 의미하는 거지.

따라서 **10진법**의 0.625는

2진법의 0.101과 같아.

10진법과 2진법은

이런 식으로 서로 바뀌는 거야.

2진법에 익숙해지려면

시간이 걸리는 건

당연하니까

2진법을 쓰는 건 힘든 일이라며

걱정할 필요는 없어.

하지만 꼭 알아야 할 건 있어.

(1) 이 세상에는

　　10진법 말고도

　　다른 수 체계가 있다는 거.

(2) 전자계산기처럼

　　특별한 목적을 위해서는

　　다른 수 체계가 10진법보다

　　훨씬 유용할 수도 있다는 거.

그렇다면 이제

모든 일이 시작된 137쪽으로 돌아가서

지금까지 살펴본 내용을 적용해

$$2^{\aleph_0} = c$$

임을 살펴볼 거야.

이 식이 성립하는 이유는

이제 알게 된 것처럼

0부터 1까지의 사이에 있는

실수는 어떤 수든지

2진법으로 쓸 수 있기 때문이지.

그러니까

$0. \varepsilon_1 \varepsilon_2 \varepsilon_3 \cdots \cdots$

라는 수에서 각 ε에는

0 아니면 1만 들어갈 수 있어.

(122쪽에서 본 것처럼

10진법이었다면 0부터 9까지

열 가지 수 가운데 하나가 들어갈 수 있지)

따라서

$0. \varepsilon_1$은 오직

0.0 아니면 0.1이어야 해.

(두 가지 다른 수만 있는 거지)

그와 마찬가지로

$0. \varepsilon_1 \varepsilon_2$는 0.00, 0.01, 0.10, 0.11

가운데 한 수여야 하고.

(네 가지 다른 수만 있는 거지)

당연히

$0. \varepsilon_1 \varepsilon_2 \varepsilon_3$는 2×2×2개, 즉 2^3개의

다른 수로 표시할 수 있어.

결과적으로

다른 '자릿수'가 $\aleph_0$만큼 있다면

(123쪽에서 본 것처럼

0과 1 사이에 있는 모든 실수에는

그만큼의 자리가 필요해)

0과 1 사이에는
$2^{\aleph}$만큼의
다른 실수가 있을 수 있어.
그런데 125쪽에서
이 실수의 총합은
'크기'가 c라는 걸 확인했어.
따라서

$$2^{\aleph_0} = c$$

인 거야.
밑이 2보다 크거나 같은◆
유한수라면
모두 마찬가지 결과가 나와.

요약해보면

(1) $n\aleph_0 = \aleph_0$
야. 그러니까
셀 수 있는 무한에
유한수를
곱하면
셀 수 있는 무한이 돼.
(129쪽을 참고해!)

◆ '밑'은 2보다 크거나 같은 수여야 해. 1은 어떤 수 체계에서도 밑으로 쓸 수 없어.
왜냐하면 1은 12도 13도 더 많은 거듭제곱수도 늘 1이니까, 10, 10^2, 10^3……이나
(10의 자리, 100의 자리, 1000의 자리……) 2, 2^2, 2^3…… 같이 2보다 크거나 같은
수들과 달리 1은 자릿수에 따라 수의 크기가 달라지지 않아.

(2) $\aleph_0 \cdot \aleph_0 = \aleph_0{}^2 = \aleph_0$ (131쪽)

니까

(3) $\aleph_0{}^n = \aleph_0$

인 거야.

셀 수 있는 무한의

거듭제곱도

여전히

셀 수 있는 무한인 거지.

(4) 하지만 $n^{\aleph_0} = c$ 야. (137쪽)

다시 말해서

2보다 크거나 같은 유한수의

셀 수 있는 무한의

거듭제곱은

$\aleph_0$ 보다 더 큰 초한수인

c 가 되는 거지! (125쪽)

10장부터 12장까지는

이런 사실들이 불러오는

놀라운 결과들을

보게 될 거야.

초한수 연산

어떤 게임이든지
게임을 하려면
그 게임의 규칙을
잘 알아야 한다는 건
알고 있지?
일반 산수나 대수,
혹은 기하학이라는
'게임을 할 때'도
반드시
하려는 수학의
기본 규칙인
공리를 알고 있어야 해.
(4장을 참고해!)
칸토어의 초한수 이론을
다룰 때도 마찬가지야.
여기에서 그런 공리들을
다루지는 않을 테지만
몇 가지 정리는
나올 테니까
초한수를
다루는 방법을
알 수 있게 될 거야.
일반 산수에서

사용하는 수는
두 종류가 있어.
바로 서수랑 기수지.

(181쪽을 참고해!)

그런데
초한수를 계산할 때도
서수와 기수가 나와.
앞에서 만난
$\aleph_0$와 c는
초한**기수**이고
초한**서수**에 관해서는
나중에 알게 될 거야.

(12장에서 볼 거야)

지금 당장은
초한기수의 '규칙'을
몇 가지 알려줄게.
만약에 a, b, c 같은 문자가
초한기수를 나타낸다면

(1) $a+b=b+a$
(2) $a+(b+c)=(a+b)+c$
(3) $ab=ba$
(4) $a(bc)=(ab)c$
(5) $a(b+c)=ab+ac$

같은 규칙이 성립해.

이 규칙에서
알파벳 a, b, c 대신에

평범한 유한수를
넣으면
일반 대수*나
산수에서도
같은 규칙이
적용된다는 걸
잘 알 거야.
초한기수의
곱하기도
일반 대수와 산수에서
사용하는 연산을
적용할 수 있어.

(6) $a^m a^n = a^{m+n}$

(7) $(a^m)^n = a^{mn}$

(8) $(ab)^m = a^m b^m$

이런 규칙들 때문에
평범한 기수의 연산과
초한기수 연산의
기본 규칙은
완전히 같구나,
하는 생각을
할지도 몰라.

하지만 성급하게 판단하면 안 돼!

◆ 이런 규칙들은 일반 대수 책이라면 어디에나 나와 있어.

일반 대수의 규칙과는
다른 규칙도 분명히 있으니까.

'소거법'만 해도
일반 연산에서는
성립하지만
초한기수의
연산에서는
성립하지 않아.

$$a+x=a+y \qquad ①$$

라는 식은
일반 연산이라면
양변의 a를
없앨 수 있어.
(① 식의 양변에서 a를 빼면 돼)
그러면 ①번 식은

$$x=y \qquad ②$$

라고 간단하게 정리할 수 있는 거야.
하지만 초한기수의
연산에서는
①번 식을 ②번 식으로 만들 수 없어.

$1+\aleph_0=\aleph_0$
이고
$2+\aleph_0=\aleph_0$

라면(128쪽 참고)

결국 $1 + \aleph_0 = 2 + \aleph_0$일 텐데

이때 소거법으로

양변의 $\aleph_0$를 지울 수는 없어.

그랬다가는

$$1 = 2$$

가 될 테니까.

1과 2과 같다니

도저히 용납할 수 없는

상황이잖아.

어떤 사람에게

2달러를 빌려주었는데

똑같은 돈이라고

1달러만 돌려주면

그 사람이

속임수를 쓴 거라는

의심이 들지 않겠어?

그와 마찬가지로

$$ax = ay \qquad ③$$

에서도 일반 연산이라면

양변에서 a를 없앨 수 있어.

($a \neq 0$인 a로 양변을 나누면 돼)

그러면

$$x = y \qquad ④$$

가 돼.
하지만
초한기수에서는
그럴 수 없어.
초한기수는
$2\aleph_0 = \aleph_0$
이고
$3\aleph_0 = \aleph_0$ (129쪽)
라면

$$2\aleph_0 = 3\aleph_0$$

가 돼.
이때 양변에서 $\aleph_0$를
절대로 없애면 안 돼.
그랬다가는

$$2 = 3$$

이 되고 말 테니까.

나중에 살펴보겠지만(186쪽)
초한**서수**에는
초한**기수**의 연산에서
성립하는 규칙을
적용할 수 **없어**.
심지어 152쪽에 나오는
(1)번 규칙도
초한**서수**에서는

성립하지 **않아**!

왜 이런 놀라운 일이
발생하는지
이제는
이해할 수 있을 거야.

$$2^{\aleph_0} = c \ (147쪽)$$

이고

$$cc = 2^{\aleph_0} \cdot 2^{\aleph_0} = 2^{2\aleph_0} = 2^{\aleph_0} = c$$

(129쪽과 154쪽)

니까, 결국

$$cc = c$$

인 거지. 따라서

$$ccc = (cc)c = cc = c$$

즉

$$c^3 = c$$

인 거야. 일반식으로는

$$c^n = c$$

라고 쓸 수 있어.

(n은 어떤 양의 유한수라도 상관없어)

이런 전개 과정이 **의미**하는 바를

고민만 하지 않는다면

이 연산이 정말로

엄청난 생각임을 알 수 있을 거야!

n이 2라고 생각해보자.

그러면 $c^2 = c$가 되는 거야.

c는 0부터 1까지의 선분 위에 있는

실제 점들의 집합이 갖는 '크기'잖아.

(137쪽을 참고해!)

그렇다면 $c^2 = c$라는 식은

한 변의 길이가 1인 **사각형**(면적이 c^2인)

안에 들어 있는

실제 점들의 '수'가

이 사각형의 한 변을 이루는

실제 점들의 '수'와

같다는 의미가 되는 거야.

이 식이 가능한 이유는

157쪽에서 증명해보였지만

그래도 정말 이상한 생각인 건 분명하지?

하지만 159쪽에 있는

그래프를 봐.

A는 그림에 있는 것처럼

한 변의 길이가 1인 정사각형 안에 있는 점이야.

점 A는

x좌표와 y좌표를 가지고 있는데

두 좌표 모두

0과 1 사이의 값을 갖는 실수야.

x좌표는 0과 1 사이에 있는
(유리수이거나 무리수인)
실수니까

$$0.a_1a_2a_3a_4\cdots\cdots \qquad ⑤$$

라고 하고
y좌표는 0과 1 사이에 있는
(유리수이거나 무리수인)
실수니까

$$0.b_1b_2b_3b_4\cdots\cdots \qquad ⑥$$

라고 하자.

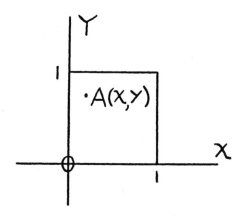

그렇다면 ⑤번 식과 ⑥번 식에서
두 수를 합쳐 하나의 수로 쓸 수 있음이
분명해.
이렇게 말이야.

$$0.a_1b_1a_2b_2a_3b_3a_4b_4\cdots\cdots$$
그리고 이 수는
0과 1 사이에 있어야 하니까
x축 위에서 0과 1 사이에
있을 거야.
분명히
그와 마찬가지로
x축 위에서 0과 1 사이에 있는
$$0.c_1d_1c_2d_2c_3d_3c_4d_4\cdots\cdots$$
실수는
159쪽에 있는
사각형 안에 있는
좌표를 나타내는
$0.c_1c_2c_3c_4\cdots\cdots$ 와 $0.d_1d_2d_3d_4\cdots\cdots$
같은 두 수로 나뉠 수 있을 거야.

x축 위에서 0부터 1까지의
선분 위에 있는 모든 점과
사각형 안에 있는 모든 점이
일대일대응을 하니까
두 점들의 집합은
동치라고
할 수 있어.
앞에서도 살펴보았고
157쪽에서도 증명했으니까
아무리 '상식'에
어긋난 것처럼 보여도
이제는 $c^2=c$ 임을
받아들였으면 좋겠어.

우리가 **반드시** 기억해야 하는 건
'상식'이라는 건
우리 안에 있는
샘의 일부일 뿐이고
샘은
자라고 있는 소년이라는 거야!
샘을 '상식'이라는
속박에 가둬두면
결국 샘의 성장을 막아서
샘은 (그리고 우리는)
영원히 **어린아이**로 남게 될 거야.
따라서 새로운 생각에
모순이 없다면,
그 생각은
'상식'에 어긋난 것이 아니라
우리의 '상식'을 **성장**하게
해주는 거라고 생각해야 해.

더구나 $c^2 = c$를
일반식으로 표현한
$c^n = c$(157쪽)라는 식도
완전히 논리적이야.
이 일반식은
정사각형(c^2)뿐 아니라
정육면체(c^3)도
심지어
(n이 양의 정수라면)
n차원 연속체는 무엇이든지
1차원 연속체와 '크기'가

같다는 사실을 의미해.

유리수만을
한 직선 위에 놓을 때는
여전히 '구멍'이 생긴다는 걸
기억해야 해. (109쪽)
하지만 **실수**라면 그 직선을
완전히 채울 수 있어. (113쪽)
실수는 '연속적인' 점들의 집합,
즉 '연속체'를
구성하는 거야.
이건 ('1차원 연속체'인)
직선 위에서만이 아니라
'구멍'이 없다면
사각형 같은
'2차원 연속체'에서도
그보다 더 높은 차원의 연속체에서도
똑같이 성립해.
음, 더 높은 차원 때문에
조금 곤란한지도 모르겠다.
정육면체 같은 **3차원**까지는
이해할 수 있겠지만
'4차원'이나 5차원, 6차원 같은
높은 차원은
쉽지 않을 거 같아.

'상식' 때문에 곤란해져서
샘의 도움이 또다시 필요해졌다고?

그건
정말로 자연스럽고 정상적인 일이야.
도움이 필요하면 그냥 있지 말고
'상식'이라는 구속 따위는
훌쩍 뛰어넘어버리면서 성장하는
샘에게
적극적으로 도움을 받아야 해.
그럼 이제부터
'더 높은' 차원에 관해
이야기해줄게.

좀 더 확실하게 설명하려고
먼저 내 경험을 이야기하려고 하니까
이해해주면 좋겠어.

· II ·

고차원 이야기

얼마 전에
영어를 가르치던 한 신사가
갑자기 수학에
열정을 느끼고
수학을 가르쳐야겠다고
결심했어.
이 세상이 수학을
제대로 가르치지 못하고
있다고 느꼈기 때문이야.
(분명히 일리가 있는 생각이야!
물론
교육은 여전히
거의 **모든** 면에서
아주 개탄스러운 상황이니까,
다른 과목에 관해서도
모두 같은 말을
할 수 있겠지만 말이야)
이 신사는 수학을
좀 더 '눈으로 볼 수 있게' 만들고
좀 덜 '추상적'으로 만들면,
오래된 '상식'에 더 잘 받아들여질 테고,
더 이해하기 쉬워질 테니,
수학을 훨씬 더

잘 알려줄 수 있다고 생각했어.

아주 좋은 생각이었어.

그런 믿음이 너무나도 확고했기 때문에

이 신사는 정말로

고등학교 수학 선생님이 되었어.

이제부터

이 신사가 어떤 식으로 수학을

가르쳤는지 말해줄게.

이 신사의 교육 방식은

교육적이면서도 재미있었고

추상화라는 방법이 얼마나 **가치**가 있는 방법인지,

추상화가 갖는 **실용적인** 가치가 무엇인지를

분명하게 알게 해주었어.

이항정리는

아주 많은 학생이

어려워하는 정리야.

'이항'이란

$a+b$나 $x-2y$, $\dfrac{3m}{n}+5z$ ◆처럼

정확히 **두 개** 항으로

나타낼 수 있는

대수를 뜻해.

여러분은 이제

$(a+b)^2$은 $(a+b)(a+b)$라는

◆ 두 개 항이란 +나 − 기호로 분리가 되어 있고 각 항 안에는 +나 − 기호가 없는 항
을 뜻해. 물론 이런 설명은 너무 허술하지만 지금은 이 정도로만 받아들여줬으면 좋
겠어. 여기서는 아주 자세하게 설명할 수 있는 공간이 없거든. 이항정리를 자세하게
설명한 좋은 대수 책들이 있으니까, 참고하도록 해.

사실을 알고 있을 테고
각 항을 서로 곱해서
가로를 푼다는 사실을 알고 있어.
하지만 '이항정리'는
(뉴턴이 대학생 때 만든 거야)
$(a+b)$를 $(a+b)$하고
곱하지 않고도
결과를 알 수 있는데,
(어떤 방법을 쓰든지)
$(a+b)^2$의 값은
$a^2+2ab+b^2$이야.
실제로 $(a+b)$를 두 번
곱해서 답을 찾았다고 해도
걱정할 이유는 없어.
그건 정말로 수학적인
방법으로 푼 거니까.
하지만 $(a+b)^2$을 학생들에게
이항정리로 풀어보라고 하면
a^2+b^2이라고 할 때가 많아.
$2ab$ 항을 빠뜨렸다고 말하면
'이해할 수 없다'라는 반응을 보여.
왜냐하면 그 학생들이
'논리적으로' 생각했을 때
(어떤 논리가 되었건 간에 말이야!)
$(a+b)^2$은 a^2+b^2이 되는 게
옳은 것 같으니까.
그 학생들은
'$2ab$는 도대체 어디에서 온 거야?'
라는 생각을 하는 거야.

지금 내가 '논리적으로'
생각하는 건 아무 의미가 없다고
말하는 건 아니라는 걸
알아줬으면 해.
그저 이 학생들이 '논리적으로'라는 단어를
의미 없이 사용했다고 말한 것뿐이야.
수학에서 '논리적으로'
생각한다는 건
적절한 공리(기본 규칙)로 시작하고
적절한 논리를 활용해
공리에서 결과나 정리를
유추해내는 과정을 뜻해.
결과나 정리를 유추할 때는
샘처럼
자신이 '논리적'이라고
생각해야 해.

아래 그림처럼
가로와 세로 길이가 모두 $(a+b)$인
사각형이 있다고 생각해보자.

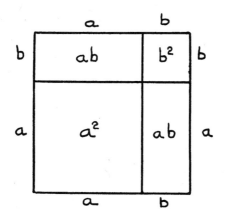

이 사각형의 면적은
$(a+b)^2$일 거야. 그렇지?
그림에서 볼 수 있듯이
이 사각형의 면적은
네 부분으로 이루어져 있어.
두 부분은
각각 면적이 a^2과 b^2인
정사각형이야.
그리고 두 변의 길이가 a와 b인
직사각형도
두 부분 있어.
이 직사각형의
면적은 모두 ab니까
두 직사각형의 **면적**은 $2ab$인 거야.
따라서
이 네 부분을
모두 합친 합,
즉 원래 사각형의 면적인
$(a+b)^2$은
$a^2+2ab+b^2$
이 되는 거지.
기하학을 이용하면
$2ab$가 어디에서
나오는지 볼 수 있고
어린 학생들도
확실하게 확인할 수 있는
도형을 보여주면서
설명하면
정확한 답을

좀 더 분명하게
기억하게 할 수 있어.

문학에 능통한 그 신사는
당연히
$(a+b)^3$이
$a^3+3a^2b+3ab^2+b^3$
이 되는 이유도
비슷한 방법으로
학생들에게 분명하게 알려주고 싶었어.
$a^3+3a^2b+3ab^2+b^3$은
$(a+b)\times(a+b)\times(a+b)$를 하거나
'이항정리'로 얻을 수 있어.
〔이항정리를 이용하면
n이 양의 정수일 때
$(a+b)^n$을 모두 구할 수 있어〕
물론 같은 식을
여러 번 곱하는 과정은
너무 지루해서
평범한 학생들이
즐겨 사용하는 방법은 아니야.
하지만
이항정리로 이런 문제를 풀 때면
학생들은 또다시
결과가 '비논리적'이라는 생각에
왠지 막막해지고
'음, 이제 더는 대수는
수강하지 않아야겠어.
전혀 말이 되지 않잖아'

하고 생각할 때가 많아.
그래서 문학에 능통한 우리 신사는
학생들을 구해야겠다는 결심을 하게 돼.
정말로 숭고한 결심을 한 거지!
그래서 신사는 이런 일을 했어.

일단
(아주 친절하고 협조적인)
자신의 아내에게
설탕 가루를 뿌린
육면체
케이크를 만들어달라고 했어.
이 맛있는 케이크를
교실로 가지고 간 신사는
케이크를 잘랐어.
(바로 이 그림처럼 말이야!)

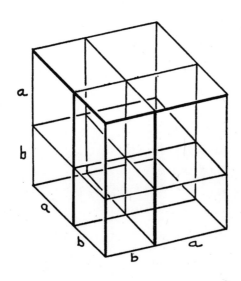

신사는 3차원인

케이크의

가로, 세로, 높이에

각각 점을 찍어

한 변을 a와 b인 두 부분으로 나누었어.

(167쪽에 있는 사각형도 그렇게 했잖아)

그는 표시한 점을 통과하도록

케이크를 잘라 모두

여덟 조각을 냈어.

이 케이크의 한쪽 끝에는

크기가 a^3인 조각이 있고

다른 쪽 끝에는

크기가 b^3인 조각이 있어.

또 가로, 세로, 높이가

각각 a, a, b여서

각 조각의 부피가

a^2b인 조각이 세 개 있는데

이 세 조각의 전체 부피는 $3a^2b$야.

마찬가지로

가로, 세로, 높이가

각각 a, b, b여서

각 조각의 부피가

ab^2인 조각도 세 개 있는데

이 세 조각의 전체 부피는 $3ab^2$이야.

따라서 여덟 조각으로 이루어진

케이크의 전체 부피는

분명히

$$a^3 + 3a^2b + 3ab^2 + b^3$$

인 거야.
물론 이 방법이
더 어렵다는 생각이 들고
케이크를 '조각내는' 일은
너무나도 복잡하다는 생각에
아무리 지루해도
$(a+b)$를 세 번
곱하는 게
더 낫다고 생각할지도 몰라.
하지만 우리, 공평해야 해.
아무리 말로 잘 설명하고
170쪽에 있는 그림을 이용한다고 해도
학생들이 즐긴 케이크 파티하고는
비교도 할 수 없을 거야.
학생들은 케이크를 '자른' 뒤에는
케이크를 먹으며
즐겼을 뿐 아니라
앞에서 본 것처럼
케이크가 여덟 조각이 난다는 사실도
눈으로 직접 확인을 했지!
그러니까
관대한 마음으로
일단 신뢰를 가지고
신사의 방법이
$(a+b)^3$이
$a^3 + 3a^2b + 3ab^2 + b^3$임을
보여주는 좋은 방법임을
믿기로 하자.
그래도 도저히 믿을 수 없다면

직접 한번 케이크를 구워서 먹어봐.
그럼 어떤 기분이 드는지,
꼭 알려줘야 해!

자, 이제부터는
이 이야기를 한
진짜 이유를 말해줄게.
이 문학적인 신사의
설명 방식을 인정한다면
이 신사가
$(a+b)^4$은
어떻게 설명할지 궁금하지 않아?
아무리 뛰어난 아내라고 해도
4차원 케이크는
구워줄 수 없을 테니까 말이야.
물론 $(a+b)$를 **네 번**
곱해서
전개하는 방식을 쓸 수도 있겠지만
$(a+b) \times (a+b) \times (a+b) \times (a+b)$라니,
그건 정말로 지루할 거야.
하지만
이항정리를 활용하면
지루하지 않을 수 있어.
식을 쓰는 즉시 그 결과가
$a^4 + 4a^3b + 6a^2b^2 + 4ab^3 + b^4$
임을 알 수 있으니까.
일단 이항정리를 하는 법을 배우기만 하면
쉽게 할 수 있어.
어쩌면 당신은 여전히

이렇게 말할지도 몰라.

"도대체 왜 배워야 하는데?

누가 $(a+b)^4$ 같은 식을

풀고 싶다는 거야?

그런 일을 왜 해야 하는 건대?"

음, 하지만, 여러분?

여러분이 복리로 이자를 주는

은행에 돈을 맡겼다고 생각해봐.

(은행 이자는 복리로 주는 곳에 맡겨야 해!)

아무튼, 그런 은행에

돈을 맡기고 4년 뒤에

원금이 얼마가 되는지

알고 싶다면

바로 이항정리를 활용하면 돼.

이항정리를 이용하면

이자를 지급하는 기간이

1년 간격이건

6개월 간격이건

3개월 간격이건 간에

상관없이

적금을 예치한 기간만큼

늘어나야 하는 금액을 정확하게 알 수 있어.

더구나

이항정리를 이용하면

받아야 할

연금 액수도 알 수 있고

할부로

물건을 구입할 때

내야 하는 금액도
계산할 수 있는 등,
아주 많은 일을
할 수 있어.
물론
"그런 건 다른 사람한테 맡기고
나는 신경 쓰지 않을래"
라고 말할 수도 있어.
하지만
모든 걸
다른 사람에게 맡긴다는
태도로 살아간다면
다른 사람들에게
크게 속게 될 수도 있어.
만약에
우리가 **어떤** 분야도
직접 생각할 마음을 **조금도** 먹지 않는다면,
아주 중요한 직책을
수행할 사람들을 뽑을 때도
전적으로 '다른 사람'에게 맡겨놓고,
우리 대신 투표를 하게 한다면,
우리가 해야 할 모든 결정을 다른 사람이
대신하게 한다면 어떻게 될까?
만약이라고는 했지만,
사실
아주 많은 사람이 그렇게 하고 있잖아.
이 세상이 이렇게나 혼란스러운 건
그래서일 거야.
'교활한' 사람이

우리를 완벽하게 속여먹을
기회를 잡을 수 있는
이유는 바로
많은 사람이
무관심하고 냉담하기 때문이라고.
어느 정도는
스스로
'생각하고',
'추론하고',
상황을 '파악하는 일'이
필요하지 않을까?
만약 그렇다면
'추론'을 한다는 것이
어떤 의미인지를
반드시 알아야 하지 않을까?
의미를 모른다면 무슨 일을 할 수 있겠어?
'추론'이나 '논리', '일관성'
같은 단어는
아주 '교활한' 사기꾼은
말할 것도 없고
케이크를 잘라
수학을 설명할 정도로
아주 영리한 사람들도
끔찍할 정도로 부적절하게
사용하는 경우가 많아.
하지만 우리는
아주 **명확하고도**
분명하게
논리적으로 생각함으로써

우리 자신을 **보호해야** 해.
샘에게 조금만이라도
기회를 준다면
분명히 우리를 도와줄 거야.

물론 쉽지 않은 일이지만
그저 모든 걸 내버려두고
다른 사람에게만 맡겨놓았다가
엉망이 된 상황을
수습하는 것보다는
훨씬 쉬울 거야.

하지만 그거랑
무한을
공부하는 거랑 무슨 상관이 있느냐고?
그 이유는, 무한은 우리에게
어떻게 생각해야 하는지를
가르쳐주는 아주 아름다운 예인 데다가
지금까지
우리가 배운 내용 가운데
가장 **중요하고**,
가장 재미있는 내용이기 때문이야.
무한은 다른 사람에게
전적으로 맡겨놓았기 때문에
느껴야 했던 '지루함'에서
우리를 벗어나게
해줄 거야.

·**I2**·
무한의 계층

무한의 계층으로 들어가기 전에
일단 '고차원'에 관해서
조금 이야기해줄게.
161쪽에서 본 것처럼

$$c^n = c$$

야.
n은 어떤 양의 유한수라도
될 수 있어서
n차원 연속체를 구성하는 점은
1차원 연속체를 구성하는 점과
그 수가 동일해야 해.
그런데 문제는
모두 그런 건 아니라는 거야!

이미 $c = 2^{\aleph_0}$라는 건
알고 있지?
그러니까 $c^{\aleph_0} = (2^{\aleph_0})^{\aleph_0}$,
즉 $c^{\aleph_0} = 2^{\aleph_0 \cdot \aleph_0} = 2^{\aleph_0} = c$인 거야.
(131쪽과 153쪽을 참고해!)
$c^{\aleph_0} = c$라는 건
셀 수 있는

무한 차원 연속체는
1차원 연속체와
'크기'가 같다는 뜻이야.
정말로 **어마어마한**
정리라는 걸 알겠지?
셀 수 있는 **무한** 차원이라니,
방금 전까지 **4차원**을
고민했다는 사실이
왠지 하찮게 느껴질 거 같아.
더구나 앞에서 이야기한 내용은
평범한 기본 대수를 익힌 사람이라면
문제없이 이해할 수 있었을 거야.
사람의 마음에
이런 **풍성한**
상상력을
발휘할 수 있는
능력이 있다는 사실이
정말 근사하지 않아?
지금까지 살펴본 것처럼
칸토어의 무한 이론은
정말 창조적이고 **유용해**.
이미 초한수 이론을 생각해내려면
엄청나게 놀라운 상상력이
필요하다는 사실을
알고 있을 거야.
그래서 힐베르트도
칸토어의 업적이
아주 대단하다고 말한 거고.
(117쪽을 봐!)

이곳에서는
샘의 다른 업적들처럼
고대 그리스 석상들이
나체인 상태로 아름다움과 고귀함을 보여주듯
사람의 영혼도 옷을 벗었을 때
아름답고 고귀한 본성을 드러낸다는
사실을 알게 될 거야.
자연이 준 아름다운
영혼과 육체 위에
'거짓' 피부를
층층이 쌓는 '교육'이 얼마나
잘못된 것인지도
깨닫게 될 테고.

칸토어가 끝이 없는
많은 무한을
어떻게 만들어냈는지 알려면
먼저 평범하고 유한한 정수 이야기로
잠시 돌아가야 해.
정수에는
기수와 서수가 있어.
기수는
1, 2, 3, 4, 같은 평범한 수이고
서수는
첫째, 둘째, 셋째, 넷째 같은 순서를 의미해.
물체가 여러 개 있는데
그 물체의 수를
말할 때
물체의 **배열순서가**

중요하지 **않다면**

5 같은 **기수**를 사용해서

표현하면 돼.

하지만 배열순서가 **중요하다면**

서수를 사용해야 해.

칸토어는 집합 M의 **서수**를

$\overline{M}$ 로

표시했어.

M 위에 막대가 하나 있는 건

집합을 구성하는

원소들의 **성질**은

무시하라는 거야.

즉 **어떤** 원소로 이루어져 있느냐가 아니라

단순히 수만 **세겠다**는 의미인 거야.

또한 집합 M의 기수는

$\overline{\overline{M}}$ 이라고 표시했어.

M 위에 막대가 두 개 있는 건

집합을 구성하는 원소들의

순서도 성질도

신경 쓰지 **않겠다**는 의미야.

그러니까 각 막대는

무시하겠다는 의미인 거야.

한 막대는

원소들의 **순서**를 무시하고

다른 막대는

원소들의 **성질**을 무시하는 거지.

이 규칙은 유한집합뿐 아니라

무한집합에도

적용돼.

예를 들어

$\aleph_0$는

1, 2, 3, 4······ 같은

자연수(양의 정수)의

총합을 나타내는 기수야.

따라서

자연수의 순서를

마음대로 바꾸어 배열한 뒤에

수를 '세어도'

자연수의 총합은

여전히 $\aleph_0$일 거야.

유리수를 '세는 일도'

마찬가지야.

유리수의 배열을

뒤섞어서

다시 세어봐도

유리수 집합의

기수는 $\aleph_0$일 거야.

(102쪽을 봐!)

그에 반해서

자연수 집합의

서수는 그리스어로

ω(오메가)라고 써.

그리고

자연수 집합과 비슷한 집합은

다시 말해서,

서수가 ω인 집합은

모두 다음과 같은 성질이 있어.

(a) **첫 번째** 원소가 있다.

(b) 집합의 모든 원소에는
바로 뒤따르는 원소가 있다.

(c) 첫 번째 원소를 제외한
모든 원소에는 **바로 앞에 있는** 원소가 있다.

(d) **마지막** 원소는 **없다**.

이 네 가지 성질을
갖춘 집합의 서수는
모두 ω야.
그렇다면
······, −4, −3, −2, −1
의 순서로 나열한
음의 정수의 집합은
어떨까?
이 집합의 특징은 다음과 같아.

(e) 첫 번째 원소가 없다.

(f) **마지막 원소를 제외한**
모든 원소에 바로 뒤따르는 수가 있다.

(g) **모든 원소**의 **바로 앞**에 수가 있다.

그리고

(h) 마지막 원소(즉 −1)가 있다.

음의 정수의 집합과
이와 비슷한 집합은 모두
*ω(별표가 있는 오메가야!)

순서형을 갖는다고 해.

$^*\omega$는 ω하고는 분명히 달라.

집합의 성질이

(a)와 (e)나

(b)와 (f)처럼

서로 다른 부분이

있기 때문이야.

그럼 이제

모든 음의 정수와

0과

모든 양의 정수가

……, −4, −3, −2, −1, 0, 1, 2, 4, 5, ……

라는 식으로

순서대로 나열되어 있는

수들의 집합을 생각해보자.

이 집합의 크기는

$$^*\omega + \omega$$

로 나타내거나 $\pi^\bullet$로 적어.

π로 표현할 수 있는 집합의 순서형은

ω나 $^*\omega$로 나타낼 수 있는 집합의 순서형과는

분명히 **달라**.

앞에서 본 것처럼

◆ 물론 이 π는 원의 둘레를 구하는 공식 $c = 2\pi r$에 나오는 원주율과는 상관없어.

ω 순서형 집합에는

(a), (b), (c), (d) 규칙이 있어야 하고

*ω 순서형 집합에는

(e), (f), (g), (h) 규칙이 있어야 해.

그럼 이제부터

ω 순서형 집합인

〔따라서 앞에서 살펴본 규칙 가운데

(a), (b), (c), (d)가 성립해야 하는〕

서수가 ω인 집합을 택하고

그 앞에

새로운 원소를 하나 놓으면

이 집합의 서수는 $1+\omega$가 되겠지.

그래도 이 집합의 성질은 **여전히**

(a), (b), (c), (d)일 거야.

안 그래?

따라서 $1+\omega=\omega$인 거야.

그런데

서수가 ω인

자연수가

순서대로 나열된

집합에서

$$1, 2, 3, 4\cdots\cdots, 1,$$

처럼

가장 뒤에

새로운 원소를

하나 놓으면

이 집합의 서수는

더는 ω가 아니야.

왜냐하면

이 새로운 집합에는

첫 번째 원소와 마지막 원소가 있기 때문이야.

184쪽에서 제시한

(d)의 성질을 **잃어버리게** 된 거지.

이 집합의 서수는 ω＋1이야.

따라서

$$\omega + 1 \neq \omega$$

야.

ω＋1과 ω는 서로 같지 않은 거지.

앞에서

1＋ω＝ω임을 살펴보았잖아.

그러니까

1＋ω≠ω＋1

이라는 결과가 나와.

그리고

단일 원소가 아니라

임의의 유한수가 될 수 있는

k를 ω에 더해서

k＋ω나 ω＋k 집합을 만들 수도 있어.

이때도

k＋ω는 ω와 같지만 ω＋k는 ω와 같지 않아.

즉

k＋ω≠ω＋k

인 거야.

다시 말해서

일반 대수와 달리

무한집합에서는

두 복소수*인 a와 b는

$a+b$와 $b+a$가 동일하다는

덧셈의 교환법칙이

성립하지 않는다는 거지.

(일반 대수에서는 2+3이나 3+2나

모두 답은 5잖아)

물론 '**초한수**'에 관한

기본 공리들이

일반 대수에서

사용하는 수에 관한

기본 공리들과

다르다는 사실을 알아도

놀라지는 않을 것 같아.

두 수 '체계'는

저마다 자신만의 특성을 갖는

공리들이 있어. (151쪽을 참고해!)

사실 초한수 집합에서는

유한수와 달리

전체가 **부분**보다

반드시 큰 것은 아니라는 사실을

이미 알고 있잖아.

(기억하지? 89쪽에 나와 있어!)

◆ '복소수'란 x와 y가 실수이고, i가 $\sqrt{-1}$일 때 $x+iy$의 형태로 쓸 수 있는 수를 말해. 당연히 y가 0이라면 $x+iy$는 x이고 실수가 돼. 그러니까 복소수는 실수를 포함하고 있는 거야. 대수 방정식을 풀 때는 어떤 식이건 복소수만 있으면 충분해. 그러니까 복소수는 일반 대수를 해결하는 '장비'를 갖추고 있는 셈이지.

초한수의 계층을 알려주는
중요한 개념 가운데에는
'정렬'집합이라는
개념이 있어.
그전에 먼저 **'단순하게'**
배열되어 있는 집합을 알아야 해.
단순하게 배열된 집합은
다음과 같은 특성이 있어.

(a) a와 b가
한 집합의 각기 다른 원소라면
원소들은 **정해진** 순서대로
배열되기 때문에
a가 b의 앞에 있을 수도 있고
b가 a의 앞에 있을 수도 있다.

(b) 이 집합에서 a가 b보다 앞에 있다면
a와 b는 개별 원소다.

(c) a가 b보다 앞에 있고 b가 c보다 앞에 있다면
a는 c보다 앞에 있다.

'정렬'집합은
이 세 가지 성질 외에
또 다른 성질이 세 가지 더 있어.

(d) 정렬집합에는 **첫 번째** 원소가 **있다.**
(e) **만약에 마지막 원소[◆◆]가 있다면**

◆◆ 186쪽에서 $\omega+1$을 살펴보면서 무한집합에는 첫 번째 원소와 마지막 원소가 있
을 수 있음을 알았으니까 이 규칙 때문에 놀라지는 않을 거 같아.

마지막 원소를 **제외한** 모든 원소는
바로 뒤를 따르는 다른 원소가 있다.

(f) 정렬집합의 '기본 구간'은 모두
'한계(극한)'가 있다.
'기본 구간'은
마지막 원소가 없는
가장 낮은 구간을 의미해.
기본 구간을
구성하는
모든 원소
다음에 오는 원소가
기본 구간의
'극한'이야.

예를 들어
ω＋1인 집합에서는
1이 기본 구간 ω의
한계인 거지.

따라서 서수가 *ω인 집합은
첫 번째 원소가 없기 때문에
단순하게 배열된 집합이지
정렬집합은 **아니야.** (184쪽)
그리고
양의 유리수
(물론 0은 들어가지 **않아.**
0은 '양'의 값을 갖고 있지 **않으니까**)
의 집합도 **크기순으로 배열되어** 있는데

첫 번째 원소가 **없으니까**
단순하게 배열된
집합이지
정렬집합은 **아니야**.
양의 유리수 집합(97쪽)은
조밀집합으로,
0 뒤에 **바로** 따라오는
유리수는 없어.
게다가 유리수는 모두
바로 뒤에 따라오는
수가 없어.
(우리는
유리수 집합이
크기 순서로 배열되어 있다고
생각하고 있으니까)
그런 집합은
η(에타)라고 표시하는데
η의 특성은 다음과 같아.

(1) $\overline{\eta} = \aleph_0$
(2) **첫 번째** 원소도 **마지막** 원소도 **없다**.
(3) 모든 곳이 조밀하다.

더구나
0부터 1**까지**의 **유리수** 집합은
$1 + \eta + 1$의 순서형으로
배열되어 있을 수도 있어.
하지만
0부터 1**까지**의 **실수** 집합은

유리수 집합과는 전혀 달라.

〔실수 집합의 순서형은 θ(세타)야〕

실수 연속체는

가산집합이 **아니라서**

$\overline{\theta} = \aleph_0$ 이기 때문이야.

(8장을 참고해!)

다음으로는 $2 \cdot \omega$ 집합과 $\omega \cdot 2$ 집합을

살펴보자.

$2 \cdot \omega$ 집합은 이런 형태를 하고 있어.

$(a_1, b_1), (a_2, b_2), (a_3, b_3), \cdots\cdots (a_n, b_n), \cdots\cdots$

집합에서 2는 곱해지는 수이고

ω는 곱하는 수여서

두 항의 곱은

쌍으로

표현되며,

이 **쌍**의 전체 집합은

분명히

자연수($1, 2, 3, 4\cdots\cdots$)와

일대일대응을 해.

이 집합에서는 **첫 번째** 쌍(a_1, b_1)이 있고

두 번째 쌍(a_2, b_2)이 있고

그 뒤로도 계속 있으니까

$2 \cdot \omega$ 집합의 **서수**는 ω야.

하지만 $\omega \cdot 2$ 집합의 형태는 이래.

$(a_1, a_2, a_3, \cdots\cdots a_n, \cdots\cdots),$

$(b_1, b_2, b_3, \cdots\cdots b_n, \cdots\cdots)$

b_1 **바로 앞에 오는**

원소가 없으니

ω·2 집합의 서수는 ω가 아니야.

〔184쪽에 나오는 집합의 성질 (c)를 참고해〕

따라서 ω·2는 ω가 아니고

2·ω는 ω·2와 같지 않아.

이 사실을 일반화하면 이렇게 쓸 수 있어.

$$k \cdot \omega \neq \omega \cdot k$$

결국 무한집합에서는

더하기처럼 곱하기도

교환법칙이 성립하지 **않는** 거야.

(a와 b가 복소수일 때

일반 대수에서는 $ab = ba$라는

곱셈의 교환법칙이 성립해)(187쪽)

181쪽부터 192쪽에 나온

모든 집합은

(ω나 η처럼)

순서형이 **다를**지라도

기수($\aleph_0$)는 **동일할 수 있다**는

사실에

주목해야 해.

집합을 구성하는 원소들을

다시 배열하면 자연수와

일대일로 대응할 수 있는 거지.

심지어 위에 나온 ω·2 집합도

자연수와 일대일대응을 하는 방식으로

다시 배열할 수 있어.

이렇게 말이야.

a_1, b_1, a_2, b_2, ……

이런 식으로 **다시 배열**하면

$\omega \cdot 2$ 집합은 **셀 수 있는** 무한이 되어서

서수는 192쪽에서 본 것처럼

ω가 **아니라** $\omega + \omega$이지만

집합의 '크기'

즉 **기수**는 $\aleph_0$가 되는 거야.

칸토어는 다음과 같이

서수를 아주 많이 만들 수 있음을 보여주었어.

$\omega \cdot k + m^{\blacklozenge}$, ……, ω^2, ……, $\omega^3 + k$, ……, $\omega^2 + \omega^3$, ……,

$\omega^2 + \omega + k$, ……, $\omega^2 + \omega \cdot 2$, ……, $\omega^2 + \omega \cdot k + m$, ……,

$\omega^2 \cdot 2$, ……, $\omega^2 \cdot k$, ……, ω^3, ……, ω^k, ……, ω^ω, ……,

ω^{ω^ω}, ……

이 **서수**들은 모두

정렬집합의 서수인데,

이 집합들의 **기수**는

모두 $\aleph_0$야.

이 집합들의 **기수**를

다시 배열하면

모두 자연수(1, 2, 3, 4 ……)와

일대일대응을 하기 때문이지.

이제 우리는

◆ k가 1이고 m이 ω에 가까워지면 $\omega \cdot k + m$은 $\omega + \omega$가 돼. 원소가 1, 2, 3, 4, ……, 1, 2, 3, 4, …… 처럼 나열되는 집합이 그런 집합이야. 이 집합은 끝에서도 집합 내부에서도 '끝없이 원소가 이어지기' 때문에 당연히 ω형 집합은 아니지만 178쪽과 189~190쪽에 나오는 성질 (d), (e), (f)를 만족하는 정렬집합이야. 이 집합은 $\omega \cdot 2$형 집합이야. 1, 2, 3, 4, ……, 1, 2, 3, 4, ……1, 2, 3, 4, ……, 나 $\omega + \omega + \omega$, 또는 $\omega \cdot 3$ 같은 집합도 마찬가지야.

다음과 같이
초한**기수**의
계층을 만들 수 있어.

(1) 먼저 (양의) 유한 정수
   (1, 2, 3, 4……)로 이루어진
   모든 부류의 집합(클래스)을 택하자.
   전체 자연수 집합의
   기수는 이미 알고 있듯이
   $\aleph_0$야.
   $\aleph_0$는 집합 **내부에 있는**
   그 어떤 유한 정수보다도
   더 커.

(2) 그런 다음에는
   194쪽에서 언급한 것처럼
   '크기'가 $\aleph_0$인
   정렬집합에서 **나올 수 있는**
   모든 부류의 집합을 택하자.
   이 집합들의 **총합**은
   그 **서수**가 집합을 구성하는
   그 어떤 **성분**의 서수보다 큰
   전혀 **다른** 집합이 되는데,
   이 집합의 크기는
   Ω(대문자로 쓴 오메가야)로 표시해.
   모든 부류의 집합의
   기수는
   더는 $\aleph_0$가 아니라
   $\aleph_0$보다 더 클 수밖에 없어.

앞에 있는 (1)에서 살펴보았듯이
유한 정수의 전체 집합의
기수, $\aleph_0$는
모두 **유한** 수인
집합의 그 어떤 **성분**보다
더 크기 때문이야.
칸토어는
이 두 번째 모든 부류의 집합의
기수를 $\aleph_1$이라고 했어.

(3) 그와 마찬가지로
크기가 $\aleph_1$인 모든 가능한
부류의 정렬집합은
칸토어가 그 크기, 즉 기수를
$\aleph_2$라고 표기한 **세 번째** 부류의 집합을
형성할 수 있어.
이런 식으로 계속해서 확장되는 거야.

이런 식으로 칸토어는
초한기수가
$\aleph_0$, $\aleph_1$, $\aleph_2$, ……, $\aleph_v$, ……
라는 식으로
무한히 **커지는** 집합이라는
결론을 내렸어.
하지만
칸토어는
끝이 없는 기수의 수열이라는 설명도
"초한기수라는 개념을
완벽하게 설명해주지는 않는다.

우리는 $\aleph_\omega$로 표기하고
$\aleph_v$의 모든 수보다
그다음으로 크다는 사실을
스스로 보여줄 수 있는
기수가 있음을 증명할 수 있을 것이다.
$\aleph_0$에서 $\aleph_1$을 유추해냈듯이
$\aleph_\omega$에서 그다음으로 큰 $\aleph_{\omega+1}$을
이끌어낼 수 있고,
그 과정은 끝이 없이
이어질 수 있다"
라고 했어.

c도 $\aleph$(알레프)의 계층일까?
이 질문은 자연스럽게 떠오를 수밖에 없을 거야.
($c = 2^{\aleph_0}$였던 거 기억하지?)

칸토어 자신은
c와 $\aleph_1$이 같다고
생각했지만
그 대답은 **아직** 모든 수학자를
만족시키지 **못하고** 있어!
이 문제는 현재
'연속체 문제'라고 알려져 있어.
실제로
"모든 초한기수가
반드시
알레프($\aleph$) 수인가
하는 문제는……
모든 집합체가

정상적으로 배열되어 있는가
(예를 들어 **정렬**되어 있는가)
하는 문제"와 같아.
이런 문제들은
아직 해답을
찾지 못하고 있지만
칸토어의 이론에
역설이 존재한다는 사실을
지적한
수학자들도 있어.
잘 알겠지만, 수학에서 **역설**은,
그러니까 모순은
참을 수 없는 거야!
하지만 칸토어의 이론은
(앞으로 알게 되겠지만)
너무 유용해서
극단주의자가 아니라면
수학자들은
그 이론을
폐기처분해버리기보다는
수학자들이 지적한
역설을 제거해
논리적 기반을 확보하려는
노력을 하고 있어.

물론
언제 다시
새로운 역설이 나타날지는
아무도 장담할 수 없지만

아직까지는
수학자들의 노력은
성공을 거두고 있어.
역설이라고 하니까
하는 말인데,
사실 역설은 일반 산수에서도
나타날 수 있어.
정말이야!

이런 문제들은
조금 뒤에 다루게 될 텐데,
그때 보면 알겠지만
정말 기본적이고도 흥미로운 내용을
만나게 될 거야.

하지만 일단은
많은 어려움과 의심이
생기더라도
수학은 믿을 수 없다거나
소용이 없다는 결론은
절대로 내리면 **안 돼**!
수학은 사람이 믿어도 되는
가장 확실한
사실이야.
수학은
완벽하지는 않아도
여전히
수많은
가치 있는 결과를

내주고 있어.
조금 화가 난다고 해서
버려버리거나 믿음을 잃으면
안 되는 거야.
아인슈타인은
"우리 사람이 하는 일은 모두 잘못됐다"
라고 했어.
하지만 순수한 이성 덕분에,
혹은 순수한 샘 덕분에,
(샘은 이성[M]뿐 아니라
직관[A]과 현실감각[S]이 있으니까
이성만 있는 것보다는
훨씬 더 강력하지)
아인슈타인이
원자력 에너지라는
개념을
인류에게 소개할 수 있었고,
잘 알다시피,
그 개념은
정말로 효과가 있었어!

물론
원자력 에너지와
원자폭탄을 혼동하면 안 돼.
원자폭탄은
원자력 에너지를 끔찍하게
남용한 거니까.
그런 **남용**은 **반드시**
폐기처분해버려야 해.

하지만 그렇다고
새로운 멋진 에너지를
버릴 수는 없어.
완벽하지는 않지만
바로 그런 **사람**인
샘 덕분에
원자력 에너지를 얻게 됐음을
잊으면 안 돼.

간단히 말해서,
우리는
칸토어의 이론처럼
아름답고 유용한 체계를
자발적으로 버리는
완벽주의자가 되면 안 되는 거야.
그리고
오래된 것이라고 무조건 받아들이지 말고
"완벽한 건 아무것도 없어!"
라고 말하고
거부할 수도 있어야 해.

그러니까
최선을 다하는 일이 정말 중요하다는
사실을 깨달아야 해.
최선을 다하지 않으면
그 어느 것도
충분히 좋아지지 않아!

·13·
요약

이제는 이런 내용을 알게 되었을 거야.

(1) **무한**을 향한
　　사람의 열망은
　　아직 **현실 세계**에서는
　　채워지지 **않았어.**
　　심지어
　　우리가 아는 한
　　전체 우주도
　　무한은 아니야.
　　전체 우주에 있는
　　전체 전자의 **수도**
　　무한하지 않아.
　　아주 옛날에는
　　지구는 평평하고
　　끝없이 펼쳐져 있다고 믿었어.
　　지구 주위를 둘러싼
　　담장 같은 **경계가** 있는
　　유한한 판이 아니라면 말이야.
　　물론 그 생각은 틀렸지.
　　이제 우리는
　　지구가 동그란 구임을 알아.
　　무한하지도 않지만

지구를 둘러싼 경계도
없는 구 말이야.
그러니까 **경계는 없지만**
유한하다고 할 수 있겠지.
그와 마찬가지로
우리가 사는 3차원 우주도
경계는 없지만 유한하다는
사실이 밝혀졌어.
그러니까 **현실** 세계에서는
어디를 보건
무한은 **없는** 거야.
(이게 1장 내용이지)

끝없이
물질을 소유하고
세속적인 힘을
무한히 갖고 싶다는
탐욕을 충분히 이룰 수 있다고
믿는 사람들도
앞에서 살펴본 무한의 예처럼
결국에는 **실패**할 수밖에 없다는
사실도 말하고 싶어.

(2) 하지만 **현실** 세계에서
　　무한을
　　향한 꿈을
　　이룰 수 없다고 해도
　　인류는 결코 무한을 포기하지 **않았어.**
　　절대로 포기하지 않았지.

사람의 마음과 영혼은
(샘의 현실감각이 아니라
지각과 논리는)
여전히 무한을
찾아다니고 있어.
그리고 정말 이상하게도
추상 세계에서
무한을 찾으려는 시도는
이제 곧 알게 되겠지만
현실에서도
사람들에게
도움이 되었어!

이미 살펴본 것처럼
수학자들은 먼저
'잠재적' 무한(∞)이라는
생각을 떠올렸어.
계속해서 가까이는 가지만
결코 도달할 수는 없는 무한 말이야.
그런데 이 잠재적 무한이라는 생각도
수학자들이
'실용적인' 사람들보다
훨씬 앞서 나갈 수 있게 해주었어.
실용적인 사람들에게는
원래 있던 수보다
크거나 작은
유한수를 제공해주었고
수학자들에게는
'원뿔곡선' 같은

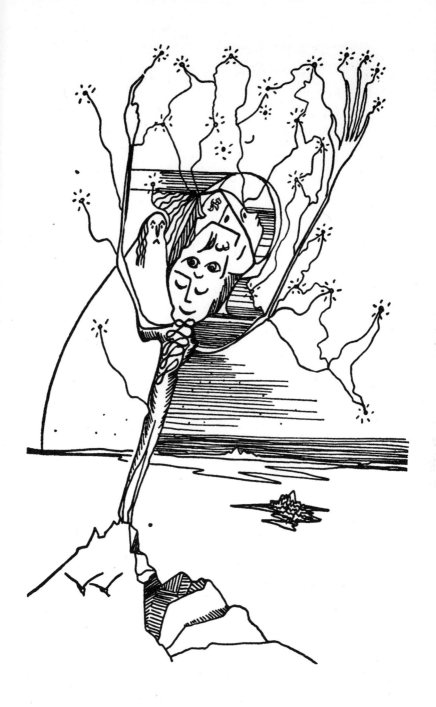

이차곡선을
제공해주었기 때문이지.
(3장의 내용이야!)
무한이 뻗어나가는
원뿔곡선도 있지만
이 곡선들은
(그저 막연하게 '열망'하는 것이 아니라)
구체적인 모양이 있고,
명확한 대수 방정식으로
표현할 수 있어.
그런 대수 방정식을 이용하면
원뿔곡선들의
모든 성질을 연구해
탄도학을 비롯한
아주 많은 분야에서
실용적으로 활용할 수 있어.
그러니까
수학자는
'실용적인' 사람들 곁을 떠나
추상 세계로 들어가
'잠재적' **무한** 같은
엄청난 생각을 한 뒤에
새로운 방식으로
현실 세계에
실제로 도움이 될
보물을 잔뜩 안고서
'실용적인' 동료들 곁으로
돌아오는 거야.
얼마나 오랜 시간이 흘러야

추상 세계로
들어가는 드문 영혼들이
정말로 귀중하다는 사실을 이해하고,
그 사람들을
'비실용적인 고지식한 녀석'
이라고 부르는 걸 멈추게 될까?
그런 무지는
정말 **섬뜩한** 일이야.
우리가 정말로
문명인이 되고 싶다면
이런 터무니없는 상황을 없애는 데
힘을 보태야 해.
그렇기 때문에
'잠재적' 무한에 관한 생각이
평행선을 연구하고
유클리드의 유명한
'평행선 공준'을
이리저리 바꿔보면서
결국에는
그 변화 하나 하나가
현실 세계에서
현대 학문을 연구하려면
없어서는 안 될
새로운 비유클리드 기하학을
만들어냈음을
잊으면 안 돼!

(3) 알고 있듯이
　　무한을 향한

사람의 열망은
수학자들이
'잠재적' 무한이라는
생각을 **넘어**
'실제' 무한이라는
훨씬 대담한 생각으로
나아가게 했어.
각각이
무한한 수를 담고 있고
기수와 **서수**라는
초한수 계층을
이루고 있는 **모임**,
혹은 **집합**이라는
실제 무한을
생각해낸 거야.

칸토어가
다양한 **무한**이라는
경이로운 구조를
생각해낸 과정을 잠깐 살펴보면서
몇 가지 중요한 기본 개념을
다시 떠올려보자!

(1) '실제' 무한집합은 모두
    그 자신의 **부분집합**과
    일대일대응을 해.
    (90쪽과 108쪽을 참고해!)

(2) '단순하게 배열된' 집합은

세 가지 성질이 있어. (189쪽)

  (a) 이 집합은

       분명하게 **정해진** 순서가

       있기 때문에

       a와 b가 집합에 속한 원소라면

       a가 b 앞에 있거나

       b가 a 앞에 있어야 해.

  (b) a가 b보다 앞에 있다면

       a와 b는 서로 다른 원소여야 해.

  (c) a가 b보다 앞에 있고

       b가 c보다 앞에 있다면

       집합에서 a는 c보다 앞에 있어야 해.

(3) **'정렬'**집합은

     (189쪽을 참고해!)

     (2)에 나오는 세 성질 말고도

     또 다른

     세 가지 성질이 있어.

  (d) 첫 번째 원소가 있어.

  (e) **마지막 원소가 있다면**

       마지막 원소를 **제외한**

       모든 원소에 뒤따르는 원소가 있어.

  (f) 정렬집합의 '기본 구간'은 모두

       '한계'가 있어.

정렬집합은

정해진 **기수**가 있음을

반드시 기억해야 해.

그럼 이제부터는

다양한 실제 무한집합에 관해
조금 설명해줄게.

I. 가장 작은
   실제 무한집합은
   1, 2, 3, 4…… 같은
   자연수로 이루어진 집합이야.
   a. 이 집합의 '크기'인
      기수는 $\aleph_0$이고
   b. ω 순서형을 갖는
      단순 배열 집합이야.
   c. 그런데
      서수가 ω인
      정렬집합◆이기도 해.

II. ……, −4, −3, −2, −1의
    순서로 배열되어 있는
    음의 정수의 집합을 생각해보자.
    a. 이 집합의 기수는 $\aleph_0$이고
    b. *ω 순서형을 갖는
       단순 배열 집합이야. (184쪽)
    c. (첫 번째 원소가 없어)
       정렬집합이 **아니니까**
       당연히
       서수도 없어.

◆ 자연수 집합은 정렬집합의 성질인 (d)와 (e)는 성립하지만 (f)는 '상관이 없다'라
고 해도 될 것 같아. 자연수 집합에는 기본 구간이 없으니까 당연히 (f)는 필요 없어.

III. 양의 정수, 음의 정수, 0 같은
모든 정수를
크기 순서대로 배열한
집합을 생각해보자.
  a. 이 집합의 기수를 찾으려면
     당연히 원소의 순서를
     재배열해야 해. (126쪽)
     0, 1, −1, 2, −2, ……
     이런 식으로 말이야.
     그럼 기수는 역시 $\aleph_0$임을 알 수 있어.
  b. ……, −4, −3, −2, −1, 0, 1, 2, 3, 4, ……
     처럼 원소가 커지는
     순서대로 배열하면
     이 집합은 π 순서형을 가진
     단순 배열 집합처럼 보여. (185쪽)
     하지만
  c. **정렬**집합은 **아니니까**
     서수는
     없는 거야!

IV. 그럼 양의 유리수로 이루어진
집합도 한번 살펴보자.
  a. 이 집합도 기수는 $\aleph_0$야. (102쪽)
  b. 그저 평범하게 크기가
     증가하는 순서로 배열하면
     η 순서형인(191쪽)
     단순 배열 집합이지만
     정렬집합은 **아니야.**
     단순 배열했을 때

이 집합은 조밀집합이지만(101쪽)

연속체는 아니야. (113쪽)

C. 하지만 양의 유리수 집합은

정렬집합의 상태를

만족하도록

배열할 수 있고(189쪽)

자연수의 집합과

비슷하기 때문에

서수는 ω야.

양의 유리수 집합에 관해

말한 모든 내용은

a와 b라는

두 수 사이에 있는

유리수의 집합에도

똑같이 적용할 수 있어.

양과 음의 유리수,

0을 포함한

모든 유리수 집합에도

적용할 수 있고.

왜냐하면

102쪽처럼

양의 유리수를 배열하고

바로 뒤에

그에 대응하는

음의 유리수를 배열하면

집합을 구성하는

전체 원소를

셀 수 있어서

기수는 $\aleph_0$가 되기 때문이야.

V. 이번에는

0부터 1까지 사이에

존재하는 **모든 실수**의 집합을 생각해보자.

　a. 이 집합의 **기수**는 c야. (136쪽)

　b. 일반적인 순서로

　　원소를 나열하면 이 집합은

　　θ 순서형을 갖는

　　단순 배열 집합이라고 할 수 있어. (192쪽)

　c. 칸토어는 집합은 모두

　　정렬할 수 있다고 믿었지만

　　이 집합은 어떻게 해도

　　정렬집합으로 나타낼 수 없었어.

　　이 문제는 여전히

　　수학자들이 고민하고 있어.

VI. 194쪽에 나오는 것처럼

　다양한 **서수**를 갖는

　집합들을 살펴보자.

　a. 이 집합들은 **모두**

　　'셀 수 있는' 집합이기 때문에

　　기수는 $\aleph_0$야.

　b. 당연히 모두

　　단순 배열 집합이지. (189쪽)

　c. 194쪽에 나오는

　　서수를 갖고 있기 때문에

　　이 집합들은 모두

　　정렬집합이기도 해. (189쪽)

VII. 기수가 $\aleph_0$인 집합의 총합은

(예를 들어 VI에서 설명한 모든 집합은)

새로운 집합을 만들어.

a. 이 새로운 집합의 기수는

$\aleph_0$보다 큰 $\aleph_1$이야. (196쪽)

칸토어는 $\aleph_1$은 c라고 생각했어.

하지만 이 문제는 여전히

결론을 내리지 못하고 있어. (198쪽)

b. 이 집합은 단순 배열 집합이고

c. 정렬집합으로

서수는 ω야. (194쪽)

VIII. 그와 마찬가지로

기수가 $\aleph_1$인

가능한 **모든 부류**의 **정렬**집합(클래스)은

기수가 $\aleph_2$인

세 번째 부류의 집합을

만들 수 있어.

세 번째 부류의 집합도

네 번째 부류의 집합을 만들 수 있고.

즉 초한기수는 계속해서

증가하는 무한집합인 거야.

$\aleph_0$, $\aleph_1$, $\aleph_2$, ……처럼 말이야. (196쪽)

이제는 칸토어가 어떤 식으로

무한집합을 '다루었고' 어떤 식으로

놀라운 결론을 이끌어냈는지

알게 되었을 거야.

(8장, 10장, 12장을 참고해)

덧붙여 말하자면
이제는 우리가 사용하고 있는
수 체계가 얼마나 소중한지도
알게 되었을 거라고 생각해. (139쪽)
그리고 10진수가 아닌
소중한 다른 수 체계도
있다는 사실을 알게 되었을 거야. (140쪽)
이제는
4차원뿐만이 아니라
더 **'높은'** 차원도
알게 되었을 거고.
심지어 무한 차원이라는
개념도 알게 되었을 테고(179쪽)
이런 개념이 유용하게 쓰인다는 사실도
알게 되었을 거야. (175쪽)

이제
칸토어의 초한수 이론
즉 '실제' 무한 이론으로
본격적으로 들어가기 전에
칸토어 이론이 '정당성'을 갖는
한 가지 이유를 먼저 살펴보기로 하자.
(이 중요한 질문과 관계가 있는
다른 이유들은
좀 더 뒤에서 살펴볼 거야)

·14·
정당성이란 무엇인가?

앞에서 본 것처럼
칸토어의 이론이 제시하는
아주 놀라운 질문 가운데
몇 가지는 여전히
그 답을 찾지 못하고 있어.
(197쪽과 215쪽을 봐!)
하지만
나머지 질문들은 어떨까?
무한한 '수'로 이루어진
'실제' 무한집합이 있다는
개념은 어떨까?
이 기본 개념은 끔찍한
비난을 받지 않았을까?
그랬다면 누가 비난을 했을까?
그런 비난을 성공적으로
물리칠 수는 있었을까?
실제 무한 개념은
실용성과 유용성을
모두 갖추고 있을까?

이제부터는 이런 의문들을 살펴볼 거야.

무엇보다도

반드시 알고 있어야 하는 건
(1장을 비롯해 여러 곳에서 나오는)
'잠재적' 무한과
'실제' 무한을
다르게 구분하는 일이
가능한가 하는 문제는
칸토어보다
훨씬 이전부터
있었다는 사실이야.
1831년에 가우스는
실제 무한이 두렵다고 했어.
그래서
이런 말을 하기도 했어.
"나는 무한을 완성된 양으로
보는 것에 반대한다.
무한은 수학에서는
받아들일 수 없다.
그저 말하는 방식에
지나지 않는다."
칸토어는 1845년에 태어났어.

칸토어와 같은 시대에 살았던
크로네커는 이렇게 말하기도 했어.
"신은 정수를 만들었고
나머지는 사람이 한 일이다."
이런 말도 했어.
"아주 중요한 수학 연구는 모두
궁극적으로는 반드시
정수가 가진 속성이라는

아주 단순한 형태로
표현할 수 있다."
따라서 크로네커는

$$\sqrt{2}\ \text{나}\ \sqrt{-1}$$

과 같은 수는 없다고 했어.
오직 양의 정수만을
허용할 수 있으니
양의 정수가 아닌 다른 '수'들은
반드시
(역시나 자연스러운)
음의 정수일 수밖에
없다고 했어.
그 때문에
데데킨트, 바이어슈트라스, 칸토어 같은
동시대인들은 크로네커의 주장을
자세히 검토해볼 수밖에 없었고,
무리수에 관한 의견을 두고는
심각하게 대립할 수밖에 없었어.♦
그 때문에 결국 지금은
'순수' 수학자도 '응용' 수학자도
기본으로 사용하는
'함수론'을 두고도

♦ 1885년에 바이어슈트라스는 (역시나 위대한 수학자였던) 소피아 코발렙스카야
에게 편지를 썼어. "그러나 무엇보다도 나쁜 것은 크로네커가 자기 권위를 내세워 정
수론을 확립하려고 애쓰는 사람들을 모두 신 앞에서 죄를 짓는 사람들로 몰아간다는
겁니다." (벨의 『수학하는 사람들(Men of Mathematics)』)

대립할 수밖에 없었지.
이제는
유리수는
$\frac{7}{11}$ 처럼
두 **정수**의 **비**로
표현할 수 있음을 알아.
그러니까
유리수는 크로네커의
신념에 어긋나지 않는 거야.
지금부터 실수도
크로네커의 정의대로
설명할 수 있음을 보여줄게.
데데킨트는 '데데킨트의 절단'을 이용해
이 사실을 증명해보였어.
다음처럼 말이야.

먼저 양의 유리수, 0, 음의 유리수로
이루어진 유리수들이
모두 순서대로
나열되어 있다고 생각해보자.
이제 이 유리수 집합을
R_1과 R_2라는 두 부분으로 나누는 거야.
R_1의 모든 수는
R_2의 모든 수보다 작아.
그런 수 가운데 하나를
(예를 들어 $\frac{1}{2}$ 을)
정확하게 '절단'하면
이 수는 R_1의 **마지막** 수이거나
R_2의 **첫 번째** 수일 거야.

두 경우 모두 명백하게 그 수는

유리수인 거지.

하지만 원래 유리수 집합의 수를

정확하게 '절단'하지

못한다면

분명히

R_1은 **마지막 수를 갖지 못하고**

R_2는 **첫 번째 수를**

갖지 못하게 돼.

그런 '절단'은

유리수가 아닌

실수를 규정하기 때문에

'무리수'라고 불러.

'절단'으로 실수의 정의를

내릴 때는

유리수 집합으로 시작하니까

결국

유리수에 의존하는 거고

유리수는 또

정수에 의존하니까(221쪽)

이 모든 수는

결국

정수부터 시작하는

거라고 할 수 있어.

그럼 이제부터는

칸토어가 **정수**를 가지고

실수를 정의한 방법을 살펴볼 거야.

먼저 0부터 1 미만까지의

(즉 0은 포함하고 1은 포함하지 않는)
유리수가 순서대로
나열되어 있다고 생각해보자.

$$x_1, x_2, x_3, x_4, \cdots\cdots, x_n, x_{n+1}, \cdots\cdots$$

x_1이 $\frac{1}{2}$이라면
0부터 1까지에서 중간에 위치해 있을 거야.
x_2가 $\frac{3}{4}$이라면
x_1과 1의 중간에 있게 돼.
x_3이 $\frac{7}{8}$이라면
x_2와 1의 중간에 위치하고.
이런 식으로 중간 항을 계속 찾을 수 있어.
이런 식으로 x값을 갖는
모든 수들은
계속해서 1에 가까워지겠지만
절대로 1을 넘어갈 수도 없고
1이 될 수도 없어.
이제
양수를 하나 선택하고
이 양수를
ε(엡실론)이라고 하자.
ε이 얼마나 작건 간에
(마음껏 작은 수를 택해도 돼!)
n이 아무리 커도
$(1-x_n)$은 ε보다 작아.
x_{n+1}은 x_n보다 뒤에 있고
x_n보다는 1에 더 가깝기 때문에
당연히

$1-x_{n+1}$도 ϵ보다 작아.

이런 관계는

1과 모든 x값 사이에서

성립해.

그래서 1을 앞에 주어진 유리수 집합의

'극한'이라고 하는 거야.

사실 실수는 **모두**

어떤 유리수 집합의

'**극한**'이야.

이런 **실수**에 관한

칸토어의 정의는

221쪽에서 보고 온

'데데킨트의 절단'과

같은 의미를 가지고 있어.

두 정의 모두 **실수**라는

동일한 수 집합을

설명하니까.

데데킨트와 칸토어 모두

정수를 이용해서

실수(무리수와 유리수)를

표현할 수 있었던 거야.

하지만 유리수라는 무한집합에서 시작해

같은 결론에 도달하려면

221쪽에서 본 것처럼

두 사람은

'실제' 무한이라는

개념을 사용해야 했어.

두 사람은

1831년에 가우스가 그랬던 것과 달리

'실제' 무한이라는

개념을 **거부하지 않았던** 거야.

(219쪽을 봐!)

앞에서 본 것처럼

'실제' 무한을 거부하면

당연히

무리수도 거부하게 돼.

무리수를 거부하면

$x^2 - 2 = 0$ 같은 방정식은

풀 수가 없어.

(제곱해서 2가 되는 수는

무리수인 $\sqrt{2}$ 와 $-\sqrt{2}$ 니까)

무리수를 거부하면

$x + iy$ 같은 복소수도

인정할 수 없게 돼.

x와 y는 당연히 무리수도

포함하는 실수니까.

그럼 $x^3 = 1$과 같은 방정식도

풀 수 없게 되는 거야.

이 방정식의 근(x값)은

1, $\dfrac{(-1+\sqrt{-3})}{2}$, $\dfrac{-1-\sqrt{-3}}{2}$ 인데

무리수를 인정하지 않으면

뒤에 있는 두 복소수도 인정할 수 없는 거야.

그렇게 되면

n차 방정식은 모두

n개의 근(답)을 갖는다는

아름답고도 보편적인

대수 방정식의 정리도

폐기처분할 수밖에 없어.
순수 수학뿐 아니라
다양한 방법으로
수학을 활용하는
과학에서도
유용하게 사용하는 중요한
대수 방정식 정리를
버려야 하는 거라고!

'실제' 무한을 거부하면
엄청나게 많은
유용한 표준 수학을
파괴할 수밖에 없어.
물론 그렇다고
'실제' 무한이라는 개념을
반드시 받아들여야 하는 건
아니지만
확실히 수학자들은
다시 한 번 고민하고
자신들의 수학에서
아름답고 유용한 부분을 그저
상당 부분 덜어내는 대신에
'실제' 무한이라는 개념뿐 아니라
수학의 기본 개념들을
전체적으로
다시 점검해보고
만약 결점을 찾아내면
가능한 자신들이
할 수 있는 한에서는

그 결점을 제거하려고
노력하고 있어.

칸토어의 집합론에서도
결점을 찾아냈고
그 결점을
제거해왔음도
곧 알 수 있게 될 거야.
앞으로 더는
결점을 찾아낼 수 없으리라고
장담할 수도 없어.
사람이 발명한 것들은
심지어
과학과 수학의 영역이라고 해도
결점이 없을 수는
없는 거야.
그래서
수학자들은
결점을 찾을 수도 있고
앞으로 **변화가 필요할 수도 있다**는
가능성을 항상
염두에 두고
대비를 하고 있어.
그리고 그전까지는
자신이 **할 수 있는 최선**을 다해
수학을 연구하는데,
이 **'최선'**이
정말 놀라울 정도로
아름답고 유용해.

앞에서 말한
칸토어 이론이 품고 있는
결점을 찾고
그 결점을 고칠 처방전을
살펴보기 전에
아주 흥미로운 몇 가지 집합들의
아주 흥미로운 몇 가지 성질부터
살펴보기로 해.

15

아주 흥미로운 무한집합들

집합은 자신의 '극한' 점을 **모두**

가지고 있을 수도 있고 그렇지 않을 수도 있어.

224쪽에 나오는 유리수의 수열은

극한점이 오직 하나,

1뿐이야.

224쪽에 나오는 집합은

극한점인 1에

가까워지기는 하지만

극한점을 포함하지는 **않아**.

그와 마찬가지로

모든 유리수의 집합은

무한히 많은 극한점이 있어.

왜냐하면 실수는 **모두**

(따라서 유리수는 **모두**)

유리수의 **일부** 수열의 극한이기 때문이지.

(225쪽을 참고해!)

하지만 이 집합(유리수의 집합)이

자신의 극한점을

모두 포함하지는 않아.

예를 들어 $\sqrt{2}$ 는

유리수가 아니니까.

하지만 그렇다고 해도 실수는

어떤 유리수 집합의

극한이야.

실수는

모두 그래. (225쪽을 봐!)

한 집합이 자신의 극한점을

모두 포함하고 있다면

그 집합은 '닫힌' 집합이라고 해.

그렇지 않을 때는 '열린' 집합이라고 하고.

일반적으로

집합 H가

집합 G의 부분집합이고

집합 G의 모든 점이

집합 H의 극한점이라면

집합 H는

G의 '조밀집합'이라고 해.

따라서

유리수 집합은

실수 집합의

조밀집합이야.

하지만

집합 H가

집합 G와 동일한 집합이고

집합 G의 모든 점이

집합 G의 극한점이라면

집합 G는 자기조밀 집합이라고 해.

자기조밀 집합이라고 해도

반드시 집합 안에 자신의 극한점을

모두 포함하고 있는 것은 **아니라는** 사실을

명심해야 해.

따라서 유리수 집합은
자기조밀 집합이야.
이 개념은 조밀집합에서는
두 원소 사이에는
무수히 많은
그 집합의 다른 원소들이
존재한다는
생각과 일치해. (97쪽)

만약에 한 집합이
닫힌 집합인
(즉 자신의 극한점을 모두 포함하는 집합인)
동시에
자기조밀 집합이라면
이런 집합은 **완전**집합이라고 해.
예를 들어
실수의 집합은
완전집합이야.
하지만
유리수의 집합은
자기조밀 집합이기는 하지만
완전집합은 아니야.
그리고
224쪽에서 살펴본
유리수의 집합은
극한점이 1 하나뿐이고
이 극한점이 집합에
포함되지 **않기** 때문에
완전집합도 아니고

조밀집합도 아니야.
이 집합이 1을 포함한다면
완전집합이 되지만
그래도 **조밀집합은 아니야.**

집합의 이런 몇 가지 성질은
나중에
고대에도 그랬고
지금도 역시
어린 학생들과 철학자 지망생들을
대책 없이 논쟁에 휩쓸리게 하는
흥미로운 몇 가지 '역설'을
살펴볼 때
아주 유용할 거야.
여러 현대 수학이 그렇듯이
집합론도
새로운 문제뿐 아니라
아주 오래된 문제를
고민할 때도
정말 많은 도움을 준다는 것도
알게 될 거야.

그럼 이제부터는 E. V. 헌팅턴이[◆]
제시한 **놀라운** 집합을 소개할게.
이 집합은 0부터 1까지의
유리수가

◆ 『수학 연대기(Annals of Math)』(1905년) 7권에 나와.

크기가 증가하는 순서대로
배열되어 있는데,
이 수들은 모두 **파란색**이야.
이미 알고 있는 것처럼
조밀집합이기도 하고.
(231쪽을 참고해)
이제 또다시 0부터 1까지의
유리수를
크기가 증가하는 순서대로
배열해 집합을 만드는데,
이 색들은 모두 **빨간색**이어야 해.
물론 이 집합도 조밀집합이야.
그럼 이제부터는
파란색 수 뒤에 **곧바로**
빨간색인 같은 수가 오게
두 집합을 다시 배열해보자.
파란색 $\frac{1}{2}$ 뒤에
곧바로
빨간색 $\frac{1}{2}$이
오는 식으로 말이야.
아마도 조밀집합 사이에
또 다른 조밀집합을 넣으면
훨씬 조밀한 집합이
만들어질 거라고
생각할지도 모르겠어.

하지만
파란색 수 뒤에 **곧바로**
크기가 같은

빨간색 수가 이어지니까
이 두 수 사이에는
빨간색이건 파란색이건 간에
다른 유리수는
전혀 '집어넣을' 수가 없어!
따라서 빨간색 수들의 집합과
파란색 수들의 집합을 합한 새로운 집합은
전혀 조밀하지 않아!
실수를 모두
포함하고 있지는 않으니까
자신의 극한점을
모두 가지고 있는 것도 아니어서
당연히 완전집합도 아니야.

헌팅턴이
얼마나 기발한 생각을
했는지 알겠지?
파란색 수들의 집합은 이미
처음부터 조밀집합이었는데
역시나 조밀집합인
빨간색 수들의 집합과
한데 합치자마자
어떤 일이 벌어졌는지 보라고!
조밀성이 사라졌어!
'상식'만 내세웠다면
이런 기발한 생각은
절대로 하지 못했을 거라는 거,
이제는
분명히 알겠지?

지금까지 우리는
조밀하거나 완전한 성질을 가진,
또는 그 두 성질을 모두 가진
재미있는 집합들을 살펴보았어.

이제부터는 집합 연구가
아주 오래전부터
쉬는 법이 없는 많은 영혼들을 괴롭혀온
문제들을 해결하는 데
어떤 도움을 주었는지 살펴볼 거야.

16

적용, 제논과 그 밖의 사람들

A부터 B까지의 거리를
4센티미터라고 하자.

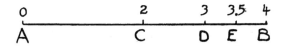

C는 A와 B의 절반 지점이고
D는 C와 B의 절반 지점이고
E는 D와 B의 절반 지점이고,
이런 식으로
계속 절반 지점을 찾아
B에 끊임없이
가까이 갈 수 있어.
그럼 이제
A에서 시작해서
1초 뒤에는 C에 가 있고
$\frac{1}{2}$초 뒤에는 D에 가 있고
$\frac{1}{4}$초 뒤에는 E에 가 있는 식으로
계속해서
시작점과 B의 절반 지점에 도착하는
과정을 계속 반복해서
B를 향해
가고 있다는 상상을 하자.

그리고 이런 질문을 해보자.

(1) 과연 계속해서 절반씩 나아가면
     결국 B에 도착할 수 있을까?
(2) B에 도착할 수 있다면, 언제 도착할까?

질문 (1)을 풀 때는
점 A, C, D, E……가
극한점인 점 B를 향해
끝없이 다가가는
무한 이산집합임에
주목해야 해. (237쪽 참고)
만약 점 B가 이 집합에 **속하는** 원소라면
이 집합은 **완전**집합이야. (232쪽)
점 B가 속하지 않는다면
이 집합은 완전집합이 **아니고**. (235쪽 참고)
이 집합이 완전집합이라면
점 B는 이동 지점에 배치된
한 점이어야 해.
완전집합이 아니라면
점 B의 위치는 이동 지점에 배치된
점일 수 **없어**.
점 B는 이 집합의 성분 원소가 아니니까.
선분 AB에서 이동하면서 찍는 점들의 집합이
완전집합이라면
A, C, D, E, ……B로 이루어진
집합의 서수는
$\omega + 1$이어야 해. (187쪽)
하지만 이 집합이

극한점인 B를 포함하지 않는

A, C, D, E, …… 집합이라면

이 집합의 서수는 ω일 거야. (183쪽)

간단히 말해서,

238쪽에서 제시한

질문 (1)은 자료도 충분하지 않고

적절한 질문도 **아니라고** 할 수 있어.

하지만 그 자료에

움직이는 점이

점유하는 위치의 집합은

앞에서 언급한 대로

완전집합이 되어야 한다는

조건을 첨가한다면

(즉 극한점 B를 포함한다는 조건을 부여하면)

질문 (1)에 대한 답은

'그렇다'가 될 거야.

그렇다면

이제는 238쪽에서 제시한

질문 (2)에 대한 답도 할 수 있어.

$1 + \dfrac{1}{2} + \dfrac{1}{2^2} + \dfrac{1}{2^3}$ …… 이 답이 될 거야.

이 식은 앞의 항에 일정한 수를

곱한 항으로 이루어진 기하급수니까

총합 S는

$$S = \frac{a}{1-r}$$

라는 식으로 구할 수 있어.

a는 기하급수의 첫 번째 항이고

(이 문제에서 a는 1이야)

r은 일정하게 증가하는 비율이야
(여기서는 $r = \frac{1}{2}$ 이지).
따라서

$$S = \frac{a}{1-r} = \frac{1}{\frac{1}{2}} = 2 \text{ 초야.}$$

하지만 만약에
점들의 위치 집합에
극한점 B는 포함되지 **않는다고** 규정하면
238쪽 질문 (1)의 답은
'아니다'가 되고,
그때 질문 (2)의 답은
'절대로' 도달할 수 없다가 돼.

그러니까
238쪽에 나오는 것 같은 질문들은
답을 요구하기 전에
반드시 필요한 조건들을
모두 제시하고
정확하게 **질문해야** 해.

미국수학회에서
1948년 6월에 발간한
《월간 미국 수학》 342쪽에는
E. J. 몰턴이
제시한 문제가 있는데
그 문제도
이런 문제라고 할 수 있어.
그는 먼저
이렇게 제안했어.

"문제 1. 나는 폭이 40센티미터인
탁자에 앉아 있다.
나는 칼을 탁자의 한쪽 끝에 놓고,
그 끝과 다른 쪽 끝의 절반 지점까지
칼을 옮겼고,
그 지점에서 다시 탁자의
다른 쪽 끝의 절반 지점까지
칼을 옮기는 일을 계속해서 하고 있다.
언제가 되어야 칼은 다른 쪽 끝에 닿을까?
내가 옮기고 있는 칼은
너비가 전혀 없는 수학용 칼이라서
수학적으로 정확하게 절반씩
위치를 이동할 수 있으니,
이 문제는 정확하게 수학 문제라고 할 수 있다."
그러면서 그는 자신이 제시한 자료에는
시간에 관한 언급이 없으니,
칼이 다른 쪽 끝으로 가는 데 걸리는 시간은
절대로 구할 수 없다는 사실은
영리한 열 살 아이도 알 수 있다고 하면서
"당신 동료들은 이 말에
깜짝 놀라겠지만 말이다"라고 했어.

'영리한 열 살 아이'라는 말이
아주 중요하다는 사실을
당신이 깨닫기를 빌어!

몰턴은 계속해서
자신이 낸 1번 문제에 다음 자료를 추가했어.
"칼이 처음 이동할 때

걸린 시간은 1초이고
두 번째 이동할 때는 $\frac{1}{2}$ 초,
세 번째 이동할 때는 $\frac{1}{4}$ 초 걸렸다.
일반식으로 표현하면
이 칼은 n번째 이동할 때
$\frac{1}{2^{n-1}}$ 초만큼 걸리고,
n은 양의 정수라고 할 수 있다.
자, 그럼 1번 문제의 답은 무엇일까?"
그러고는 이렇게 말했어.
"당신 친구들은 대부분
잠시 생각한 뒤에 정답은
'2초야'라고 말할 것이다."

몰턴은 그 대답이
어째서 터무니없는지 설명했어.

"내 대답은 이 자료로는
칼이 탁자 반대쪽 끝에 닿는 시간은
결코 알 수 없다는 것이다.
탁자의 한쪽 끝에서 시작해서 t시간 동안
칼이 이동한 거리를 s라고 하자.
종속 변수 t의 값은
변수 s의 이산집합이 결정한다.
s의 값이 40센티미터인 경우는
이 이산집합에 포함되어 있지 않기 때문에
s가 40센티미터일 때
t의 값은 알 수 없다."
그러니까
주어진 문제에서 $s = 40$센티미터라는 값은

집합 속에 포함되어 있지 **않다는 거야**!
그는 계속해서 이렇게 말했어.

"만약
s의 범위가 $0 \leqq s \leqq 4$일 때
t는 s의 단조증가 함수이며,"

이 가설에서는
40센티미터라는 s가
집합에 포함된다는 사실에
유의해야 해.

"s는 40센티미터에 연속한다는 가설을 덧붙이면,"

연속이라는 의미는
$s = 40$센티미터가 극한점이라는 뜻이야.

"s가 40센티미터일 때 t는 2초라는
결론을 내릴 수 있다."

238쪽 문제에서 그랬던 것처럼 말이야.
그는 마지막으로 이렇게 말했어.

"그렇지 않으면
t가 유한 점프를 하는지
누가 알겠는가!"

238쪽에 나오는 문제처럼
몰턴의 문제도

앞에서 살펴본
집합의 다양한 성질에 관한
지식을 활용해서
아주 신중하게 풀어야 해.

이제 245쪽의 그래프처럼
x에 관한 함수 y가
있다고 생각해보자.

x가 1일 때 y는 1일 수도 있고 2일 수도 있어.
하지만
x는 1일 때 y는 1이라고
분명하게 **규정**할 수도 있어.
다시 말해서 이 함수가
우편물 1그램($x=1$)의 요금은
1원($y=1$)이라는 사실을
명시하고 있는 함수일 수도 있는 거지.
하지만 우편물 무게가 1그램을 넘는 순간
우편물 가격은 2원($y=2$)으로
훌쩍 올라갈 거야.
$y=2$라는 값은 우편물이
2그램이 될 때까지
계속 유지될 테고 말이야.
이 함수는 또한
한 사람이 회사에 들어간
첫해($0 \leq x \lt 1$)에
받을 연봉($y=1$)을
나타낼 수도 있어.
y값은 x값이 1이 되자마자

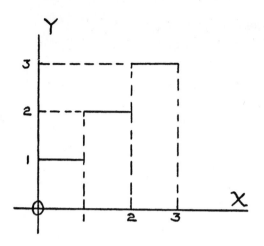

(즉 새로운 해가 시작되자마자)

2로 훌쩍 뛰어올라서

계속 유지되다가

x가 **2가 될 때**부터

다시 훌쩍 뛰어오를 거야.

다시 말해서

이 함수는

x는 1일 때

y는 1이 아니라 2가 되는

함수인 거야.

244쪽에 나오는

우편요금 함수처럼 말이야.

따라서

주어진 x 값에 대해

(244쪽의 경우 x는 1이야)

y값이 불연속이면

주어진 문제에 적용할 때는

그 함수의 **의미**에 맞는
y값 가운데 하나를
고르면 되는 거야.

나이에 따라
해마다
보험금이 바뀌는
생명보험을 계산할 때도
같은 함수를 활용할 수 있어.
어떤 특정한 날짜에
보험증서를 작성한다면
보험 계약자의 나이는
가장 **가까운** 생일로 정할 거야.
(그러니까 이제 막 **지나간 생일**과
이제 곧 **다가올 생일** 가운데 **더 가까운** 날을
나이로 정하는 거지)
만약에
보험증권을 작성한 날짜가
지난 생일과 다가올 생일의
정확하게 중간 날짜라면
보험회사는 마음대로
두 생일 **가운데** 하나를
가입자의 나이로
택할 수 있어.
동일한 함수를
완전히 다른 목적으로 사용한다면
실제로 적용해야 하는 **문제에 따라**
x가 1일 때 y를 $1\frac{1}{2}$로 선택하거나
$1\frac{1}{3}$ 또는 3 같은

어떤 수로 선택하든지 간에
수학적 관점에서 보면
모두 완벽하게
정당해.
단,
x가 245쪽 그래프처럼
1이나 2 같은 값이고
그래프가 '불연속'적이거나
끊어져 있다면
y값이 무엇인지를
명확하게 명시해야 하는 거야.

마지막으로
한 가지 문제만 더 살펴볼게.
이 문제는 정말 오래되고 유명한 문제로
흔히 '아킬레스와 거북' 문제라고
알려져 있어.
이 문제는 집합론을 진지하게 고민하면
아주 '곤란한' 상황에서도
명쾌하고 논리적으로
생각할 수 있음을 보여줄 거야.
그게 무슨 문제냐고?
이제부터 알려줄게.
이 문제는 원래 서기 5세기에
그리스에서 살았던
철학자 제논이 제시한 거야.
"앞에서 기어가고 있는 거북을 따라잡으려고
일정한 속도로 달리고 있는 아킬레스는
절대로 거북을 따라잡을 수 없다.

아킬레스는 일단
거북이 출발한 지점에 도착해야 하는데,
아킬레스가 거북이 출발한 지점에
도착했을 때 이미 거북은
좀 더 앞으로 간 상태일 것이다.
다시 거북이 있는 곳으로 가도 마찬가지니
아킬레스는 영원히 거북을 따라잡을 수 없다."

이 이야기를 들으면 모두
분명히 무언가 잘못됐다는
생각을 하게 될 거야.
알고 있다시피 아킬레스는
달리기의 명수라서
거북 정도는
거뜬하게 따라잡을 수 있으니까.
앞서 가는 차보다
빠른 속도로 달리는 자동차는
결국 앞 차를
따라잡을 수 있는 것처럼 말이야.
'아킬레스와 거북' 이야기대로라면
느린 속도로 가는 앞 차가
영원히 앞서 간다는
말이잖아!

도대체 제논의 이야기는
무엇이 잘못된 걸까?
이 문제를 자세히 들여다보면
238쪽에 나오는 문제나
몰턴의 문제(241쪽)와

비슷한 어려움이 있음을
알게 될 거야.
제논이 선택한 위치들의 집합도
앞의 두 문제처럼
그 집합에는 포함되지 **않은**
한 극한을 향해 다가가고 있는 거지.
다시 말해서, 제논은 일부러
아킬레스가 거북을 따라잡을 수 있는
실제 극한점을 선택한 뒤에
고의로 그 극한점을
위치의 집합에서 빼버림으로써
아킬레스가 절대로
거북을 따라잡을 수 없게
만든 거야.
하지만 이제부터는
이 문제를 다른 방식으로
살펴보려고 해.

아킬레스(A)는 거북(T)보다 10배 빠른
일정한 속도로 이동하고 있어.
그러니까 같은 시간 동안
아킬레스는 거북보다
10배 더 긴 거리를 이동하는 거지.
따라서

$$D_A = 10 d_T$$

라는 식이 성립해.
그럼 이제

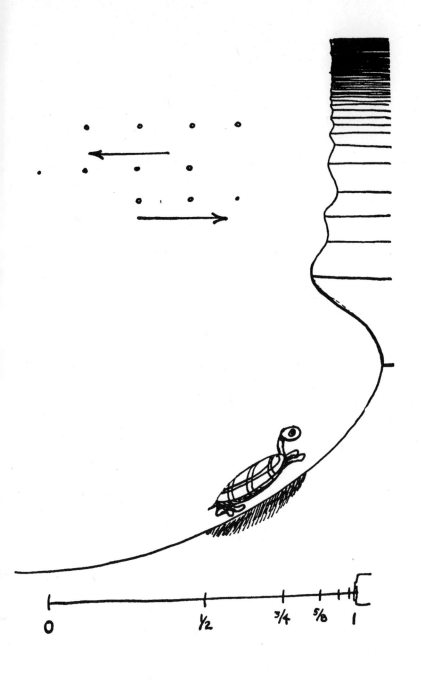

처음에는 두 물체의 거리가
18미터 떨어져 있었다고 생각해보자.
그러면 다음과 같은 식을 세울 수 있어.

$$10d_T = 18 + d_T \qquad ①$$

아래에 이 식을 나타낸 도식이 있어.

①번 방정식을 풀면

$$9d_T = 18$$
$$d_T = 2$$

다시 말해서
거북(T)이 2미터 가는 동안
아킬레스는 20미터 가니까
아킬레스가 점 B에서
거북을 따라잡는다는 사실은
어린아이도 알 수 있을 거야.
물론 이런 식으로 이 문제를 푸는 건
아주 기본적인 거라
제논도 분명히
이런 문제 풀이 방법을
거부하지는 **않을** 거야.

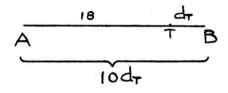

하지만
제논이 이 문제를 낸 이유는
옳은 것처럼 보이는 자신의 추론에서
잘못을 찾아보라고
제안하기 위해서였어!
그리고
집합론의 관점에서 본다면
제논이 오직
집합 안에 극한점을 포함하지 **않는**
무한한 점들의 집합을 구성하는
특정 위치만을 다루고 있음도
알 수 있어.
따라서 제논은
거북이 이동한 거리는
모두 2미터 **미만**으로 잡고
아킬레스가 이동한 거리는
모두 20미터 **미만**으로 잡아서
결국 아킬레스가 거북을
따라잡는 데 필요한 시간보다
더 적은 시간 간격을 설정한 거야.
이 답을 240쪽의
'절대로' 도달할 수 없다는 답과
비교해봐!

이 문제를 좀 더 이해하기 쉽도록
다음과 같이 생각해보자.
표에서 d는 한 물체가 특정 시간(t) 동안
이동한 거리야.

d	t
1	1
$1\frac{1}{2}$	$1\frac{1}{2}$
$1\frac{3}{4}$	$1\frac{3}{4}$
$1\frac{7}{8}$	$1\frac{7}{8}$
⋮	⋮
⋮	⋮

이 물체는 1초 동안 1미터 움직이고
$1\frac{1}{2}$ 초 동안에는 $1\frac{1}{2}$ 미터 움직이고
$1\frac{3}{4}$ 초 동안에는 $1\frac{3}{4}$ 미터를 움직여.
각 시간은 2초가 될 때까지
처음 값의 절반을 더하고
거리는 2미터가 될 때까지
처음 값의 절반을 더해.
이제 우리는 d의 원소들로 이루어진 집합과
t의 원소들로 이루어진 집합이라는
이산집합 두 개를 갖게 됐어.
이 두 이산집합의 극한값은 2야.
그리고
앞에 있는 표처럼
두 값을 끊임없이 채워나가도
두 값 가운데 그 어떤 값도
절대로 2에 도달하지는 못해.
세상이 멸망하는 날까지
적어나가도
절대로 2는 될 수 없어.
하지만
d와 t가

$$d = rt$$

의 관계를 맺고 있고

r은 상수(이 식에서는 1이야)이고

d가 $0 \leqq t \leqq 2$일 때의

t에 관한 단조증가 함수이며

t는 2에 연속한다면

(다시 말해서

2가 254쪽에 있는

t값들의 집합의 극한점이고

정해진 범위에 따라 2가

이 집합의 **성분 원소**라면)

그때 우리는

t가 2일 때 d가 2라는

결론을 **내릴 수** 있어.

이제 이런 가정은

등속 '운동'에 관한

문제에도 **반드시** 적용해야 해.

아킬레스의 문제 같은 거 말이야.

그렇지 않았다가는

아킬레스가 거북을

추월하지 못한다는

'아주 비현실적인' 결론에

도달할 수도 **있으니까**.

다시 말해서

어떤 문제를 풀 때는

현실감각(관찰)에 어긋나는 논리는

절대로 사용하면 안 돼.

그런 논리는 문제를 풀 때

전혀 도움이 되지 **않아.**
하지만 앞에서 언급한
가정들을 추가하면
이런 문제에서는
모순을
제거할 **수 있어.**
따라서
이런 모순을 피하려면
문제를 풀 때는
논리력만 사용해도 안 되고
직관만 사용해도 안 돼.
균형 잡힌 샘이 활약하게
해야 하는 거야.

무엇보다도

먼저 생각해볼 건

역설이란 **무엇인가** 하는 거야.

확실히 역설은 '현실감각'하고는 상관이 없어.

현실감각은 이것, 저것, 그 밖에 다른 것들을

관찰하는 거야.

'역설'은 우리가 관찰한 내용을

생각해볼 때에야 만나게 되는 거고.

다시 말해서

역설은

어떤 특별한 관찰이

(의식적으로든 무의식적으로든)

우리가 소유한 '공리'와 모순이 될 때

나타나는 거야.

물론 '공리'라는 건

어떤 경우든 사고의 기초를 이루는 원리들이지.

이 같은 사실을 확실하게 이해하도록

몇 가지 예를 들어 설명해줄게.

(1) 첫 번째 '역설'을 한번 살펴보자.

　　89쪽에서 본 것처럼

　　전체는 부분과 같을 수도 있다는

　　역설 말이야.

'갈릴레오의 역설'
이라고 부르기도 해.
이 진술이
'역설'이 되는 경우는
오직 하나,
유한한 양을 다룰 때만이야.
유한한 길이의 선분이나
유한한 크기의 각을
다루는
유클리드 기하학에서는
전체는 항상 부분보다 크다고
했어.

하지만
('실제' 무한인)
초한수를
고민할 때는
"전체는 **부분**과 **같을** 수도 있다"
라는 진술은
89쪽에서 본 것처럼
충분히 받아들여질 수 있어.
사실
이 작은 책에서
지금까지 읽어온
초한수 이론에서는
이 진술이 기본 공리 가운데 하나이지
절대로 '역설'이 **아니야.**
왜냐하면
초한수 체계에서는

앞에서 이야기한 것처럼
오직 유한 집합에서만 성립하는
"**전체**는 항상 그 전체의 **부분**보다 **크다**"
라는 공리는 없기 때문이지.
참가하는 **시합이 달라지면**
시합의 규칙이
달라져야 하는 것처럼
사고 체계가 **달라지면**
필요한 공리도
달라질 수밖에 없는 거야.
야구 시합에서 지켜야 하는 규칙을
체스에 적용할 수는 없잖아!
그리고
특정 시합 내부에서는
서로 모순이 되는 규칙이
분명히 없어야 하는 것처럼
한 사고 체계의 내부에서는
서로 모순되는 내용(역설)이
없어야 해.
앞에서 살펴본 것처럼
역설은 '현실감각'보다는
규칙들의 집합인 기본 원리와
관계가 있어.

하지만 이제부터는 다른 예를 들어볼 거야.

(2) 여기서는 왠지
　　관찰 그 자체에
　　모순이 있는 **것처럼**

보일 수도 있어.
하지만
아인슈타인은
'역설'의 본성을
제대로 이해하고 있었기 때문에
고전 물리학의
공리들을 점검하고
시간에 관한
기존 관점을 바꿔
새로운 공리들을 택하면
시간에 관한 문제들이 가지고 있던
'역설'을 풀 수 있다는 사실을
알아냈어!

물론 여기서
아인슈타인의 상대성 원리를
자세하게 살펴볼 수는 없어.
그저 어떤 역설을 풀 수 있는지만
말해줄게.
어떤 실험실에서
실험(현실감각)을 해봤더니
직선 위의
A부터 B까지의 길이는
30만 킬로미터였어.

A   B   C

그런데
다른 실험실에서 실험(현실감각)을 해봤더니
A부터 C까지의 길이가
30만 킬로미터인 거야!
이건 정말
참을 수 없는 상황이었어!
다양한 '실험 결과'가
완전히 서로
모순되는 것처럼
보였으니까.
하지만 앞에서도 말한 것처럼
문제는 관찰 그 자체에
있는 것이 **아니라**
관찰한 내용을 **생각하는**
방식에 있는 거야.
아인슈타인은
시간은 관찰자**에 따라 달라진다는**
생각으로 그 같은 상황을
바로잡는 데 성공했고,
결국 참을 수 없었던
역설을 제거해버릴 수 있었어.
물론 이런 짧은 설명으로
관찰자와 시간이라는
상황을 완벽하게 이해할 수는
없으리라고 생각해.
하지만 적어도
262쪽에서 묘사한 상황에
모순이 **있다**는 건
알 수 있을 테고

그 모순은
257쪽의 (1)번에서
소개한 역설처럼
주어진 상황을 생각하는 방식 때문에
생겼음은 알 수 있을 거야.
지금 내가 정말로
알려주고 싶은 내용이
바로 이거야!

칸토어의 초한수 이론에서 발견한
역설을 살펴보고,
그 역설을 제거한 과정을 살펴보기 전에
한 가지 더 말할 것이 있어.

(3) 이번 역설은
유클리드 기하학에 관한 거야.
믿을 수 없을지도 모르지만
유클리드 자신이 제시한
공리를 사용한다면

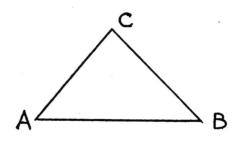

삼각형 ABC는 CA≠CB이지만
CA=CB임을 입증할 수 있다

라는 공리를 가지고 시작할 수 있어.

이번에도 이 내용을 **증명**하는
방법을 자세히 설명하느라고
여러 길을 돌아서 갈 수는 없어!◆
여기서 내가 해야 하는 건
역설이 생길 때마다
우리가 **생각하는** 방식을
철저하게 다시 점검해볼
필요가 있다는 사실을
알려주는 거니까.

이 사실을 제대로 이해한다면
역설적인 상황에서
엉뚱한 대상을 비난하는 대신에
우리가 그 문제를
생각하는 기본 사고방식을
깊이 들여다보게 될 테고,
결국 그런 태도는
인간관계를 비롯해
여러 가지로 좋은 결과를
불러올 거야.

하지만 일단은 263쪽에 있는
삼각형으로 돌아가자!
이 역설을 바로잡은 방법도

◆ 하지만 자세히 알고 싶다면 아주 쉬운 방법이 있어. 내 책 『길 위의 수학자』를 읽어보면 돼!

(맞아, 이 역설은 아주 최근에 바로잡았어!)
역시 유클리드가 제시한 공리를
처음부터 끝까지
다시 점검하는 거였어.
그리고 유클리드가
이 공리를 이야기할 때
삼각형의 '안'과 '밖'을
언급하지 않았다는 걸
발견했지.
아마 당신도
유클리드가 그랬던 것처럼
안과 밖을 분명히 구분해서 말할
필요는 없다고 생각할지도 모르겠어.
누가 봐도
삼각형의 안과 밖이
차이가 난다는
사실을 알 수 있는데
왜 굳이 말해야 하느냐고
대답할지도 모르겠어.
하지만 내가 말한 것처럼
이 문제는 정말로 어려운 문제였고
안과 밖의 구별을
명확하게 하자
그 '가짜' 증명을
떨쳐버릴 수 있었어.

어쩌면 **생각**을 그렇게
정밀하게 해야 한다면,
무슨 문제든지

철저하고 '명백하게'
설명하고 구분해야 한다면
어떤 말도, 어떤 생각도
한다는 일 자체가
두려워질 수도 있다고
생각할지도 모르겠어.

하지만 수많은 '허튼소리'들이
정말로 사라진다고 해서
그렇게 크게
문제가 될 것 같지는 않아.
얼마 전에 이런 이야기를 들었어.
"대화술이 죽어가고 있는 건
아주 안 된 일이지만
말이 힘을 잃은 건 괜찮아."
재치 있는 말이기는 하지만
너무 과격하지 않아?
그러니까
우리가 정말로 말의 힘을
포기하고 싶은 건 아니잖아.
하지만
샘과 함께
무책임하게 많은 말을 쏟아내기 전에
말의 힘을 억제하고,
더 많이,
신중하게 생각해야
할 필요는 분명히 있어.
그러려면 반드시
생각한다는 것이 어떤 의미인지부터

알아야 해.
수학이 정말로 중요한 건
바로 그 때문이야.
사람 정신의 가장 좋은 예는
수학에서
찾을 수 있기 때문이지.
다른 사람에게
"곰곰이 생각해봐"라고 말하는 건
아무 소용없어.
그런 말은 너무 모호하고
정말로 아무 의미가 없어서
어린아이들도 비웃고 말 거야.
하지만
수학에서 **생각**을 한다는 건

(1) 해결해야 할 문제에 적당한
　　공리들을
　　현명하게 선택하고,
　　선택한 공리들을
(2) **논리**적으로 고민해
　　가치 있는 결론을
　　이끌어내는 거야.

정말로
공리를 선택할 때는
아주아주 신중해야 해.
그런데,
바로 그게 문제야!
공리를 제대로 선택하려면

탁월한 재능이 있어야 해.
하지만 천재도
공리를 선택할 때는
실수를 하거나
무언가를 빠뜨릴 수 있어.
유클리드만 해도
2,000년도 더 지난 뒤에야
잘못을 고칠 수 있었던
엄청난 실수를 했잖아!
그러니 수학자가 된다는 건
엄청난 용기가 필요한 일임을 알겠지?
수학자는 계속해서
수학 체계를 구축해나가면서
엄청나게 신중하게
그 체계를 다시 점검하고
갈고 닦고
결점을 없애나가는 사람이야.
263쪽의 유클리드의 공리처럼
아주 **조그만** 결점도
견딜 수 없는
역설을
만들어낼 수 있음을
알기 때문이지.

모순과 **역설**은
개조차도 **참을 수 없다**는 걸
반드시 알아야 해!
'조건 반사' 실험을 하던
파블로프가

원에는 행복하게 반응하고
타원에는 불행하게 반응하도록
개를 훈련시킨 뒤에
거의 원에 가까운 타원을
보여주자
그 개는 너무나도
혼란스러워했어.
결국 이 불쌍한 개는
심하게 충격을 받고
이전에 배운 내용을
모두 잊어버리고 말았지.
그러니 우리 사람이
역설을 **못 견뎌** 하는 건
조금도 이상한 일이 아니야.
역설은
양쪽에서 팔을 하나씩 잡고
서로 반대 방향으로
잡아당겨
몸을 찢는 것처럼
우리 마음을 찢어버려.
정말 세게 잡아당겨서 말이야.

18장에서는
초한수 이론에서는
어떤 역설이 발견됐고,
어떻게 그 역설을 제거해나갔는지
살펴볼 거야.

물론 언제라도

초한수 이론뿐 아니라
사람이 만든 이론은 무엇이든지
더 많은 역설이
나타날 수 있음을
우리는 알고 있어.
당연히 **각오**는 하고 있어야겠지만
용감하게 계속해서
우리가 만든 것들을
발전시키고 **성장**시켜 나가야 해.
그것이 우리 사람의
운명이니까.
그렇지 않다면 사람은
사라지고 말 거야.
'거짓말', '커다란 거짓말'
그리고 거짓말이 야기하는
혼란이 이 세상에 존재하는
힘 가운데 가장 **파괴적인** 이유,
원자폭탄보다도 더 나쁜 이유는
바로 그 때문이야.
원자폭탄은
물질을 파괴해.
당연히 아주 나쁜 거야.
하지만
엄청난 거짓말,
혼란,
모순,
역설은
우리가 우리의 마음을,
인간성을 사용하는 능력을

손상시키는 거야.
따라서 우리는
'자유 발언'이라는 이름으로
'커다란 거짓말'이라는 못된 기술을 구사해
결국 혼란을 야기하는 사람들이
우리를 이끌도록 내버려두면
절대로 안 되는 거야.
물론 그렇다고 '자유 발언'을
없애야 한다는 건 **아니야.**
절대로 그러면 안 돼!
자유 발언이 중요하다는 건
수학만 봐도 알 수 있어.
수학에서 **모순(역설)**은
엄청난 죄악이지만
그렇다고 말할 권리를
파괴하지는 **않아.**
오히려 수학은
언론의 자유에 관해서는
정말로 넓은 아량을 발휘하지만
그저 **역설이 생기지 않도록**
제한할 뿐이야.
성장하고
발전할 수 있는
자유가 **있고,**
올바르게
생각할 수 있고
생존으로,
생명으로
나아갈 수 있는

길이 **있어.**
이런 위험한 시대에는
이 길을
모범으로 삼아
'커다란 거짓말'이라는 무기로
우리를 파괴할
무모하고 혼란스러운
거짓 '자유'를 선동하는 말에
속아서 휩쓸리면
안 되는 거야.

· 18 ·

초한수에서 발견한 역설과
그 역설을 물리치는 과정

지금까지 역설이
무엇인지를 살펴보았고(257쪽)
수학에서 발견한
몇 가지 역설과
그 역설을 물리치는 과정을
보고 왔으니
초한수 가설에서도
역설이 발견되었으며
그 역설을
제거하려는 노력을 해왔다는
사실을 알아도
놀라지는 않을 거라고 생각해.
물론 앞으로도 언제든지
역설은
또 나타날 수 있고 말이야.
한 가지 분명한 건
미래가 불확실하다고 해도
우리는 노력을 멈추지 말고
계속해서 나가야 한다는 거지.
우리가 한 생물 종으로서
사라지지 않고 계속 살아가기를 바란다면
수학 이야기는

이론적인 면에서나
실용적인 적용 면에서
모든 시대에서
성공한 사례로 꼽힐 것이
분명해.

아무튼
이제 본론으로 들어가서
초한수 이론에서 찾은 역설을
적어도 **한 가지**는 보여줄게.
유명한 초한수 이론에 관한 역설은
버트런드 러셀이,
부랄리 포르티가,
리처즈가,
그 밖에 여러 사람이 지적했어.
하지만 그런 역설 중에는
그저 **언어**를 혼동한 경우도 있어서
사실은 초한수 이론에 내재하는 역설이
아닌 경우도 있어.
이런 역설은
초한수 이론에 얽힌 역설에 관한 책으로는
가장 중요하며
최근(1950년)에
독일어 2쇄 판을 영어로 번역한
힐베르트와 아커만이 지은
『수리논리학』에
잘 나와 있어.
하지만
러셀이 지적한 역설은

이 역설을 해소하려면
초한수 이론을 구성하는
기본 생각들을
다시 점검하고 바꿀 필요가 있는
역설이었어.
그런 역설이 나왔다면
당연한 일이겠지만 말이야.

그럼 먼저,
러셀의 역설이 무엇인지 살펴보고
그 역설을 제거하려고 했던
노력을 간단히 말해줄게.
이 역설을 해결하는 과정을
자세하게 설명하는 건
이 작은 책에서 할 수 있는
일이 아니야.
초한수 이론과 현대 논리학을
아주 자세하게 공부한 사람만이
이해할 수 있는 이야기라서 그래.
전문가가 아니라
똑똑한 일반인들을 위해 쓴
이런 책에서는
할 수 없는 일이지.

여기서는 러셀의 역설에 관해
알기 쉽고 재미있게
(물론 내 희망이지만)
설명하는 걸로
충분할 것 같아.

이미 알고 있듯이
무엇보다도
초한수 이론은
점이나 **수**, 그 밖에 다른 **원소**들의
집합, 모임, 부류와
관계가 있어.
아마도 지금 이 순간
당신은 칸토어의 생각에
의심 없이
동의할 것 같은데,
칸토어는
원소의 성질에 상관없이
'원소들'의 집합으로
원소들의 특징을
나타낼 수도 있다는 생각이
가능하다고 생각했어.
하지만 러셀이
아주 재미있는
있을 수 없는 집합을
제시했어.
일단 집합은
다음 두 유형 가운데
하나여야 해.

(1) 그 자신이 집합의
    원소인 집합과,

(2) 그 자신이 집합의
    원소가 아닌 집합.

(1)번 집합의 예로는
'모든 추상적인 개념들의 집합'이 있어.
집합이 그 자체로
'추상 개념'이기 때문에
이 집합은
그 자신이 집합의 한 원소인 거야.
(2)번 집합의 예로는
'모든 사람의 집합'이 있어.
이 **집합**은 분명히
한 사람이 **아니기** 때문에
이 집합은
집합의 원소가 아니야.
자, 드디어 이제는

(3) (2)번 유형에 속하는
    모든 집합들로 이루어진 집합을
    생각해보는 거야.
    이 새로운 집합은 M이라고 해.

러셀이
정말 제대로 설명한 것처럼
집합 M은
믿기 어려울 정도로
자기 모순적이야.
왜냐고?
집합 M은 분명히
(1)번 유형의 집합이
아니기 때문이지.
즉 (3)번 정의에 따라

집합 M은 집합 M의 원소가 아니고,
오직 (2)번 유형의 집합들**만**을
원소로 갖고 있어.
그런데
집합 M이 (2)번 유형의 집합이라면
(3)번 정의에 따라 집합 M에 속해야 해.
하지만
집합 M이 집합 M에 속하다니,
그건 옳지 않아.
(3)번 정의대로라면 집합 M은
그 자신이 원소가 **아닌** 집합**만**이
원소가 될 수 있어.
그런데 어떻게 집합 M이
집합 M의 원소가 될 수 있겠어?
따라서 집합 M은
(1)번 유형도 아니고 (2)번 유형도 아닌
있을 수 없는 집합이야.
이 세상에 존재하는 집합은 반드시
두 유형 가운데
한 가지 유형이어야 하거든!
러셀은
칸토어가 제시한
모든 유형의 '원소들'의 집합이라는 생각은
너무 일반적이어서
앞에서 본 것처럼
있 을 수 없 는 집 합을
서술할 가능성도 있음을
보여준 거야.
그래서

러셀과 화이트헤드는
'유형론'을 제안해.
특정 유형의 집합을
배제해서
'원소들'의 집합은
어떤 유형이든 가능하다는
칸토어가 집합에 부여한
자유에 **제약**을 가한 거야.
하지만 이 '유형론'은
쓸데없이 복잡하다는 평가를 받고
'ω 순서형에 관한 술어 해석'이라고 알려진
이론으로 대체되었어.
이 해석학을 자세히 공부하는 건
이 책의 범위를 벗어나.
하지만 이 해석학을 인정할 수밖에 없는
이유를 조금 말해줄게.

이미 수학 체계는 어떤 체계이든지
그 체계를 위한
공리들의 집합(규칙들의 집합)을
명확하게 언급하고
논리를 이용해
그 공리들로부터
결론, 즉 '정리'를
이끌어내야 한다는 건
알고 있을 거야.
논리를 '상식'과 비슷하다고
생각하는 사람이 아주 많아.
하지만

(1) 논리의 주제는
    소박한 '상식'에서
    단순하게 시작해
    엄청나게 성장했고

(2) '말을 장황하게 늘어놓기'보다는
    (수학이 그렇듯이)
    기호를 활용하는 형태로 표현되며,
    그렇기 때문에
    (말이 아니라 기호를
    처음 활용했을 때
    수학이 그랬던 것처럼)
    최근에 아주 큰 발전을
    이룰 수 있었고

(3) 지금은 아주 많은
    여러 논리학이 생길 수 있었다

는 사실을 알면 깜짝 놀랄 거야.
일단 (1)번부터 (3)번까지에 관해
한마디만 하고
초한수 이론에서 발견한 역설을
제거하는 일과
논리의 관계를
설명해줄게.

무엇보다도
말해주고 싶은 건,
아주 많은 사람이

자신은 '논리적'이라고 말할 때,
사실은 그저 자신이
가끔은 맞을 때도 있지만
대부분은 틀리는
가장 순박한 '직관'을
사용한다는 걸 뜻한다는 거야.
최초의 논리학자였던
위대한 아리스토텔레스는
'삼단논법'을 발명했어.
삼단논법은
거의 기계적으로
정확한 결론을 이끌어낼 수 있어서
(힘들여 삼단논법을 제대로 익힌)
사람이라면 누구나
흔히 틀리기 쉬운
직관을 사용하지 않고도
정확하게 논리적인 결과를
이끌어낼 수 있어.
수세기 동안
아리스토텔레스의
'사고 기계'는
가장 유용한 논리 도구였어.
하지만 삼단논법은
다음과 같은 문제가 있었어.

(1) 삼단논법은 제한된
    상황에만 적용할 수 있고,
    '그렇다'와 '아니다'로만 대답 가능한
    상황에서만 사용할 수 있는데,

그런 식으로 대답할 수 없는
상황이 아주 많다는 건
누구나 잘 알아.
두 가지 가운데 한 가지를
택할 수 없는 상황에서
아리스토텔레스의 삼단논법은
소용이 없어.
더구나
아리스토텔레스의 논리는
절대로 '그렇다'와 '아니다'로
대답할 수 없는 상황에서도
두 가지 가운데 한 가지를 택하라고
강요하는 경우가 많다는 사실도
우리는 잘 알고 있어.

(2) 아리스토텔레스의 논리는
아주 오랫동안
아주 장황하게 말을 늘어놓는
아주 끔찍한 형태로
전해져 내려왔어.
하지만 얼마 전에
(1850년쯤에
조지 불이)
기호 형태로
논리를 전개하면서
아리스토텔레스의 논리는
(믿거나 말거나)
단지 **세 줄로**
줄일 수 있었고,

후대의 많은 학자들이
아리스토텔레스의 논리에
추가로 기여해
두 줄을 더 첨가하면서
이른바 전통-논리는
모두 다섯 줄로
완성되었어.
물론 오랜 세월
철학자들이 전해준
방대한 학술서가 아니라
현대 기호의 형태로
표시했을 때에만 그래.
더구나
현대 기호체계 덕분에
더 많은 논리학이
발전할 수 있었고,
그런 논리학들을 이용해
더 많은 상황을
훨씬 적절하게
다룰 수 있게 되었어.
그런 논리학 가운데 하나가
(280쪽에서 소개한)
'ω 순서형에 관한 술어 해석'이야.
초한수 이론을 다루는 데
아주 적합한 논리학이지.
'ω 순서형에 관한 술어 해석'은
이제 화이트헤드와 러셀의
유형론을 대체했어.
이 새로운 논리학을 이용하자

초한수 이론에서 발견한
역설을
훌륭하게 제거할 수 있었지!
하지만 언제라도
새로운 역설이 나타날 수 있음을
잊지 말아야 해.
그럴 때면
패배주의자가 되어
아름답고 유용한
이 수학을
버리자고
주장할 것이 아니라
문제가 생길 때마다 그랬던 것처럼
수학자들은
다시 수학 체계를 점검하고
다시 한 번 개선해야 해.
'욕조의 물이 더럽다고
사랑스러운 아기를 버릴 수는'
없는 일이니까.
샘은 절대로
패배주의자가
아니니까!

$$\sum_{k=1}^{m} m_k \delta_k < \int_a^b f(x)\,dx < \sum_{k=1}^{m} M_k \delta_k$$

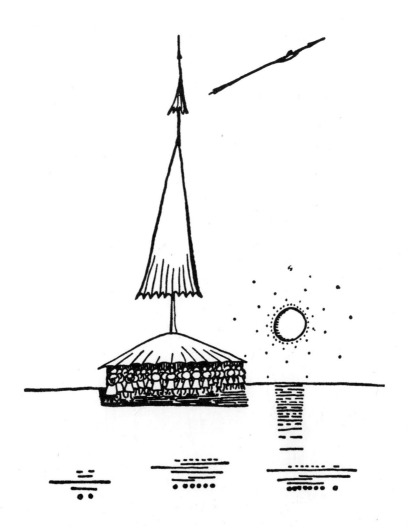

명심할 것!

사람들은 대부분
수학을 학창 시절에
견뎌야 했던 뒷목 통증쯤으로
여긴다는 건 알고 있지?
그렇게 극단적이지는 않더라도
사람들은 대부분
수학을 세금을 계산하거나
길게 이어진 수를
아주 정확하고 빠르게
더하는 일 등을 처리할 때
사용하는
'필요 악'
이라고 생각해.

이제는 이 책을 읽었으니
수학에 관한
이런 잘못된 관점들이
진리하고는
터무니없이 동떨어져 있다는
내 견해에 동의하게 되었는지
궁금해.
수학은 아주 멋진
문학작품도 견줄 수
없을 만큼
대담**하고**
환상적이고

상상력이 풍부하고
독창적이며
창조적이야.

수학 속에서 우리는
사람의 마음이 작동하는 방식을 보게 돼.
그러니까 수학은
사람 심리에 관한 학문이야.
왜냐하면
보잘것없어 보이는
몇 가지 공리를 가지고(152쪽)

너무나 애매모호해서 위험하고
극도로 부적절할 수 있는
일반 언어를
훨씬 뛰어넘는
기호 체계라는
새로운 언어를
창조해
정교하고도
유용하고
아름다운
구조를 만들기 때문이지.
예를 들어서
아리스토텔레스의 논리를
일반 언어가 아니라
수학 기호 체계로(284쪽)
표현하면 어떤 일이
일어날지 생각해봐.

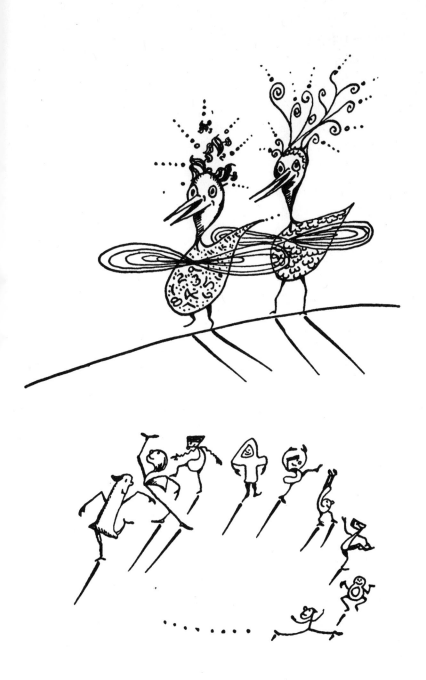

이런 효율적인
사고 도구가 없었다면
무한을 연구하면서
발견한 역설도(285쪽)
그 밖에 많은 다른 **어려운 문제들도**
전혀 해결할 수
없었을 거야.
레비치비타의
텐서 미적분학◆이라는
경이로운
현대 철학 도구가 없었다면
아인슈타인이
우주를 연구하고 발표한
일반상대성 원리도
이 세상에
나오지 못했을 거야.

텐서 미적분학이 없었다면
물리 세계를 연구하려고
유명한
미적분학을 직접 만들어야 했던
뉴턴처럼
아인슈타인도
우주를 연구할 때 필요한
수학을
직접 만들어야 했을지도 몰라.

◆　내 작은 책 『길 위의 수학자를 위한 상대성이론』에 이 미적분학을 간략하게 설명해
두었어!

어쨌거나 누가 만들었느냐에 상관없이
뉴턴과 아인슈타인에게는
강력한 도구가 있었어!
아무리 두 팔을 펄럭여도
절대로 날아오를 수
없는 것처럼
모든 세기를 통틀어
둘째가라면 서러운
아인슈타인 같은
위대한 인물에게도
일반 언어가 아닌
제대로 결론을 이끌어낼 수 있게 도와주는
적절한 사고 **도구**는
반드시 필요했어.

그리고 우리에게는
인간관계를
생각해볼 수 있는 도구가
절실하게 필요하지 않을까?
그리고 어쩌면 수학자들이
그런 도구도 만들어낼 수 있지 않을까?
예를 들어서
수학을 연구하면
'자유' 같은 개념도
훨씬 분명하게 이해할 수 있지 않을까?
자유를 말할 때는
반드시 **무엇**을 위한 자유인지를
명시해야 하지 않을까?
수학에서는 무한정

자유를 허용해야 하는 걸까?
'집합'이라는 개념에
엄청난 자유를 허용했을 때
칸토어의 이론에서
역설이 생겼다는
사실을 생각해봐. (279쪽)
어떻게 해야 수학자들이
파괴적인 역설을 허용하지 않고도
'건강한' 자유를
최대로 누릴 수 있을까?

간단히 말해서
우리 자신과 우리를 둘러싼 환경을
효과적이면서도 건설적으로
다룰 수 있도록
샘을 이용하는 방법을
수학을 통해 배울 수 있지 않을까
하는 거야.

개인적으로 나는
수학이 일상에서 겪을 수 있는
문제를 다루는 데도 효과적임을 알았어.
수학이 발전하려면
반드시 필요한
정직과 인내는
생활 철학에서도
반드시 있어야 하는
필수 조건이라고
확신해.

그리고 나는
수학과 과학이 사람의 '가치'에
아무런 공헌도 하지 않는다고 믿는
사람들하고는 함께 갈 수 없어.
그런 사람들은
도덕관념 없이
바람직한 목적이건
파괴적인 목적이건 간에
원자력 에너지 같은
자신들이 만들어낸 물건을
마음대로 사용하니까.
그건 정말 잘못된 일이야.
원자력 에너지는
정직과 인내 같은 미덕이 없다면
절대로 발견할 수 없는 거니까 말이야.
정직과 인내가
우리에게 필요한 **전부**라고
말하는 게 아니야.
무엇이 필요하건 간에
(예를 들어 위대한 창조력 같은 거 말이야)
그것이 **커다란 거짓말,**
역설과 함께하는 한
제기능을 할 수 없다고
말하는 거야.
다시 말해서
수학에서는
범죄는 보상을 받을 수 없어!

나는

수학(과 과학) 자체의
발전 속에 내재해 있는
윤리가
사람의 '가치'라고
생각해.
수학은 발전시키고
생활 철학이
성공하기를 바란다면
분명히 바로
이 가치를 **적용해야**
하는 거야.

두 아이가, 놀이를 한다.
상대방보다 더 큰 수를 부르면
이기는 놀이.

사이좋은 두 아이가 가볍게
시작한 놀이는 점점 더
치열한 시합이 된다.

상대 아이가 1을 불러도,
100을 불러도 두 아이는
거뜬하게 친구보다
더 큰 수를 부를 수 있다.

마침내 한 아이가
승기를 잡을 수 있는
수를 외친다.
"조경!"

다른 아이는 잠시 멈칫했지만,
이내 비장의 카드를 꺼낸다.
"무한!"

상대 아이는 어리둥절해진다.
무한이라니?

무한이 수인가?
분명히 아주 커다란
무엇이라는 생각은 들었지만
왠지 수는 아닌 것 같았다.
(이 아이는 조경이 수인가라는
생각은 하지 않았다.
조경을 수로 인식하는 이 아이는
그러니까 상당히 조숙한 거다)

하지만 수가 아니라고
쉽게 반박하기 힘든 무언가가
'무한'에는 있었다.

아이는 시무룩하게 패배를
인정하고 집으로 돌아갔다.

밤새 잠을 자지 못한 아이의 머릿속에서는
밤새 무한이 무한히 돌아갔다.

다음 날, 이른 아침부터 아이는
단정하게 옷을 입고
경쟁자의 집 앞으로 갔다.

친구의 2층 방 창문을 쳐다보며
유한한 심호흡을 한 아이는
예쁜 조약돌을 하나 집어
창문을 향해 힘껏 던졌다.

창문은,

열리지 않았다.
조약돌을 두 개 더 던진 뒤에야
친구 방 창문이 열렸다.
"무한 더하기 1."
창문으로 고개를 삐죽 내민
친구에게 아이는 소리쳤다.

아아,
두 아이의 수 부르기 놀이는
또다시 시작되었다.
무한이 계속되는 시작이다.
무한 더하기 1은
무한 더하기 무한이 되고
무한 더하기 무한은
무한 더하기 무한 더하기 1이 된다.

세상에는 절대로
시작하면 안 되는 것이 있다.
무한도 바로 그런 것.

수많은 현인이
무한은 그저 내버려두라고
경고한 데는 모두 이유가 있는 것이다.

예로부터 무한은
정의하기도 상상하기도 설명하기도
지독하게 어려운 개념이었다고 한다.

아리스토텔레스는

무한은 실재하는 실체가 아니라
잠재성이나 가능성만이 존재하는
관념적인 개념이라고 했다.

이 우주는
크기가 유한하고 고정된 구이다.
실제로 무한이라는 것이
있을 리가 없다.

고대의 현인은 여러 날 고민을 한
끝에 그런 결론을 내렸다.

아리스토텔레스도 그런 결론을 내렸는데,
우리라고 별 수 있을까?
무한을 고민하는 시간에
빨리 다른 문제에 매달리는 것이
좋지 않을까?

하지만 사람은 왜인지 모르지만
시시때때로 무한에 관해
고민을 해본 것 같다.

아마도 아리스토텔레스의 생각이
무한을 고민하는
가장 단순한 형태가 아닐까?
아이들도 같은 고민을 할 수 있다.

무한은 실제로 존재하는가?
계속해서 커져가는

관념적인 수가 무한이라면
정말로 무한은 존재하는 것만 같다.

하지만 구체적인 형태를 갖춘 물질이
무한할 수 있을까?
이 단순한 의문은 아직도 풀리지 않았다.
어쩌면 영원히 풀지 못할 수도 있다.

나 같은 보통 씨는 이 의문을
생각하고 또 생각하다가,
여러 차례 좌절을 느끼면서
무한 따위, 홍, 하고
던져버릴 수도 있을 것이다.

하지만 답이 없을 것 같은
무한을 무한히 그대로 두지 않고
비밀을 풀어보겠다고 덤빈 사람들이 있었고,
그런 사람들 덕분에 무한은
전적으로 새로운 모습을 띠면서
사람 세상을 바꾸어나갔다.

미술가들은 무한을 이용해
원근법을 발명했고
종교인들은 카발라와 윤회를 완성했다.
그리고 수학자들은 대한민국의 수많은
중고등학생(과 대학생)을 난감하게 만든
여러 수학을 만들어냈다.

무한을 만난 수학은

그 이전의 수학이 해내지 못한
많은 일들을 해냈다.

하지만 수학을 모르는 우리 보통 씨들이
무한과 결합한 수학을 이해하기는
쉽지 않다.

무한과 수학에 관심이 있는
사람이라고 해도 본격적인
수학책을 한두 권 읽어보려고
시도하다가 포기했을 가능성이 크다.

무한의 개념이 아니라
무한의 수학을 설명하는 책은
정말로 읽기도 이해하기도 ·
쉽지 않다.

그 어려운 일을
또 리버가 해냈다.

무한의 수학을,
그것도 어느 정도는
알아들을 수 있는 언어로
우리 보통 씨에게 전달해주고 있다.

수학도 무한도 모르는 역자는
책을 읽는 내내 감탄하고
또 감탄하면서 자판을 두드렸다.

감탄한 만큼 실수가 적기를 소망하며
역자 후기를 마치려고 한다.

아, 마치기 전에 한 마디만
더 하고 싶다!

무한이 무엇인지는 모르겠지만
한 가지는 확실하다.

무한을 접하게 되면
칸토어로 러셀로
괴델로 비트겐슈타인으로……,
알고 싶은 이야기가
무한해진다는 것.

무한의 소용돌이에 빠지는 순간
정말로 무한히 행복해진다는 것.

역자와 함께 열심히 읽고
고민해준 변효현 편집장님께
무한히 고맙다는 말을 전하며
정말로 역자 후기를 마친다.

『길 위의 수학자를 위한 무한 이야기』를
읽는 모든 보통 씨들이
행복하기를 기원하며.

2020년 2월에
김소정

길 위의 수학자를 위한
무한 이야기

1판 1쇄 펴냄 2020년 2월 20일
1판 3쇄 펴냄 2024년 1월 25일

글쓴이 릴리언 R. 리버
그린이 휴 그레이 리버
옮긴이 김소정

주간 김현숙 | **편집** 김주희, 이나연
디자인 이현정, 전미혜
마케팅 백국현(제작), 문윤기 | **관리** 오유나

펴낸곳 궁리출판 | **펴낸이** 이갑수

등록 1999년 3월 29일 제300-2004-162호
주소 10881 경기도 파주시 회동길 325-12
전화 031-955-9818 | **팩스** 031-955-9848
홈페이지 www.kungree.com
전자우편 kungree@kungree.com
페이스북 /kungreepress | **트위터** @kungreepress
인스타그램 /kungree_press

ⓒ 궁리, 2020.

ISBN 978-89-5820-634-7 03410